葛种质资源研究与利用

严华兵　朱卫丰　尚小红 等　编著

科学出版社

北京

内 容 简 介

葛是重要的药食同源植物，近年来随着大健康产业的发展，葛产业也随之快速发展。本书系统总结了国内外葛种质资源研究，全书共 8 章，主要对种质资源学的相关基本概念、发展简史与研究进展和种质资源研究的意义，葛属植物的命名与分类，葛属植物的分布、起源与演化，葛种质资源的考察、收集和保存，葛种质资源鉴定评价的目的和方法，葛种质资源表型和分子标记鉴定评价的研究进展，葛种质资源研究存在的主要问题、进展和发展方向，国外和国内葛产业开发利用现状和产业发展建议，优异粉葛、野葛、葛麻姆及其他优异葛种质资源进行了简要而系统的论述。

本书可供葛种质资源研究与利用相关的科学研究和教育机构的科教人员，相关企业、集团研发工程技术人员，以及涉及科技合作与技术市场的管理人员，特别是可供立志投身葛种质资源科学事业及葛产业发展的人员等参考。

图书在版编目（CIP）数据

葛种质资源研究与利用 / 严华兵等编著. -- 北京 ：科学出版社，2024. 11. -- ISBN 978-7-03-079369-0

Ⅰ．S632.9

中国国家版本馆 CIP 数据核字第 20240M4T44 号

责任编辑：陈　新　付　聪 / 责任校对：郑金红
责任印制：肖　兴 / 封面设计：无极书装

斜 学 出 版 社 出版

北京东黄城根北街 16 号
邮政编码：100717
http://www.sciencep.com

北京建宏印刷有限公司印刷
科学出版社发行　各地新华书店经销

*

2024 年 11 月第 一 版　开本：720×1000　1/16
2025 年 2 月第二次印刷　印张：14
字数：280 000

定价：228.000 元
（如有印装质量问题，我社负责调换）

《葛种质资源研究与利用》编著者名单

主要编著者

严华兵　朱卫丰　尚小红

其他编著者

周　云　曹　升　曾文丹　龙紫媛　陆柳英

葛　菲　王　颖　吴正丹　施平丽　吴　波

肖　亮　张雅媛　章焰生　董欢欢　谢璐欣

程　冬　李　祥　覃夏燕　韦新宇　周　丹

李长福

前　言

葛为豆科葛属（*Pueraria* DC.）植物总称，葛根是其块根。葛属植物全世界15～20种，主要分布于温带和亚热带地区。我国是葛属植物的分布中心，约有葛属植物11种。葛种是葛属的核心种，包括粉葛、野葛和葛麻姆。其中，粉葛和野葛已被列入《既是食品又是药品的物品名单》和《中华人民共和国药典》（2020年版　一部），为商品葛根的来源。葛与人参齐名，素有"南葛北参"的美誉。葛全身都是宝，在食品、医药、化工、兽医药（添加剂）、饲料、纺织、生态保护、酿酒等方面有着广泛的用途。最早关于葛的文献记载出现在周代。医圣张仲景的《伤寒论》和《金匮要略》均有使用葛根的记载。张仲景创立了葛根汤、葛根芩连汤等众多名方，千年来沿用不衰。李时珍在《本草纲目》中对葛进行了较全面的记载，他认为葛的茎、叶、花、果、根均可入药，还指出："唐苏恭亦言葛谷是实，而宋苏颂谓葛花不结实，误矣""【气味】甘、辛，平，无毒""【主治】消渴，身大热，呕吐，诸痹，起阴气，解诸毒"。葛根的传统功效主要为解肌退热、生津止渴、透疹、升阳止泻、通经活络、解酒毒等，现代功效包括保护肝损伤、降三高、解酒、保护心脑血管、预防骨质疏松、消炎、抗感染、抗肿瘤、雌激素样作用等。

本书主要编著者严华兵研究员带领团队多年从事木薯研究，所在单位自1935年陆续从事木薯、甘薯、马铃薯、淮山、旱藕、芋头、牛蒡等广西特色薯类作物研究。一次偶然的机会，严华兵研究员接触到葛，便深深地被这个广西特色优势作物吸引。在大健康产业蓬勃发展的新时代，享有"南葛北参"美誉的葛，其市场价值远未得到体现。广西藤县作为全国最大的粉葛种植基地，粉葛全产业链实现年产值只不过10亿元，而吉林省长白山人参产业总产值超过了500亿元。广西以及全国葛产业发展方兴未艾，严华兵团队加快科技创新，促进葛产业发展和价值提升。党的十八大以来，国家对农作物种质资源的保护和利用高度重视，随着第三次全国农作物种质资源普查与收集行动以及"广西农作物种质资源系统调查与抢救性收集"项目的逐步推进，严华兵团队对广西葛种质资源进行了全面普查、系统调查、广泛收集和精准鉴定。随着工作的深入，严华兵团队发现八桂大地葛种质资源非常丰富，除北海银滩海边未发现葛种质资源之外，其他足迹到过的地方都蕴藏着葛种质资源，这更加坚定了团队开展葛种质资源研究的决心。

　　一旦选择了一个科研方向，严华兵团队就会以时不我待的紧迫感，夜以继日、坚持不懈地勇攀高峰，解决一个个科学和技术问题。痴迷于葛种质资源研究 8 年，坚守"分工合作，携手并进；创造价值，追求卓越"团队文化，严华兵研究员带领团队成员围绕葛种质资源研究取得了一个又一个令人骄傲的成绩，建立了全球最大的葛种质资源圃；对葛种质资源进行了系统分类研究，并提出狭义葛属概念和大叶粉葛新类型；率先对野葛、粉葛及葛麻姆全基因组进行了解析，并挖掘了葛根素合成代谢关键候选基因；选育出小叶粉葛、大叶粉葛、野葛、葛麻姆等不同类型新品种；推动了国家和广西地方葛品种审定与登记工作；分别建立了粉葛、野葛健康种苗繁育和生产技术体系；逐步完善了粉葛节本增效栽培技术、野葛人工驯化栽培技术；与其他科研团队合作，在粉葛和野葛产品开发上取得了一些创新成果。

　　本书是严华兵团队对葛种质资源研究的阶段性总结。其中，第一章绪论简述了种质资源学相关基本概念、发展简史与研究进展以及种质资源研究的意义；第二章介绍了不同国家葛属植物的本草考证，葛属植物的命名、界定和分类的最新进展，并对葛属中最常见且产业价值较大的 3 个变种的界定作了进一步阐明；第三章介绍了葛属植物的世界分布概况及我国葛资源的产区考证，揭示了葛的起源，以及葛属植物的形态性状、显微结构、细胞学性状和化学成分等的演化；第四章简述了葛种质资源的考察、收集和保存等；第五章描述了葛种质资源的鉴定与评价，并综述了葛种质资源表型鉴定和分子标记鉴定评价研究进展；第六章综述了葛种质资源研究进展与动态，包括存在的主要问题、研究进展和发展方向等；第七章概述了国外和国内葛产业发展概况，特别是我国葛产业发展概况、栽培技术、综合开发利用以及产业发展建议等；第八章介绍了葛属优异种质资源，包括优异粉葛、野葛和葛麻姆种质资源，还展示了泰葛、食用葛、狐尾葛、大花葛等其他葛属资源。

　　本书相关研究工作和出版得到国家自然科学基金（31960420、32200179、82204563）、第三次全国农作物种质资源普查与收集行动（1120162130135252038）、广西科技重大专项（桂科 AA23023035）、广西重点研发计划（桂科 AB22080090、桂科 AB1850028、桂科 AD17195072）和广西自然科学基金（2018GXNSFBA294001、2019GXNSFBA245093、2021GXNSFBA220026）等项目的资助。在葛种质资源研究过程及本书撰写过程中，先后得到华中农业大学孔秋生教授、怀化学院刘良科教授、中国科学院西双版纳热带植物园潘勃博士等，以及未提及的专家和友人的大力支持，在此一并表示衷心的感谢！

　　由于时间匆忙，有些工作仍有待改进，有些技术问题仍有待完善，再加上编著者知识水平有限，书中难免存在一些疏漏或者不足之处，敬请广大读者批评指正。

编著者

2024 年 3 月于南宁

目　　录

第一章 绪 论

第一节 种质资源学相关基本概念

1. 种质（germplasm）

种质又称遗传质，是决定生物遗传性状，并将遗传信息从亲代传递给子代的遗传物质的总称。

2. 种质资源（germplasm resources）

种质资源，即遗传物质的载体，一切具有一定种质并能繁殖的生物体都可以归为种质资源。

3. 遗传多样性（genetic diversity）

广义上，遗传多样性是指生物所携带的遗传信息的总和；狭义上，指种内不同群体和个体间的遗传多态性的程度，或称遗传变异，分为群体、个体、染色体、基因、核苷酸 5 个层面。

4. 生物多样性（biodiversity）

生物多样性指一个区域内基因、物种和生态系统多样化的总和。生物多样性至少有 3 个方面的含义，即生物学意义上的多样性、生态学意义上的多样性和生物地理学含义的多样性。

5. 植物种质资源学（plant germplasm resources science）

植物种质资源学是研究植物分类、起源与演化、种质考察与搜集、种质保存、种质评价与鉴定以及种质利用的科学。

6. 原生起源中心（primary origin center）

原生起源中心也称初生起源中心，是指某栽培植物种或变种的原产地。一般具有 4 个特点：①有野生祖先；②有原始特有类型；③有明显的遗传多样性；④有大量的显性基因。

7. 次生起源中心（secondary origin center）

次生起源中心也称次生基因中心，是指作物由原生起源中心地向外扩散到一定范围时，在其边缘地区又会因作物本身的基因突变、自交和自然隔离而形成新的隐性基因控制的多样化地区。一般具有 4 个特点：①无野生祖先；②有新的特有类型，比如，高粱的初生中心在非洲，但是在中国形成糯质高粱，中国即为次生中心；③有大量的变异；④有大量的隐性基因。

8. 野生种（wild species）

野生种指在自然界处于野生状态、未经人类驯化改良的植物种。

9. 野生近缘种（wild relatives）

野生近缘种指与栽培植物在起源、进化方面有亲缘关系的野生种。

10. 变种（variety）

变种指生物分类学上种以下的次级分类单位，指一个种内的植物在不同环境条件影响或人工选择、诱变、杂交下，形态结构或生理特性的某些方面发生变异，形成有别于原种的一个群体。

11. 品系（strain）

品系指在育种工作中使用的遗传性状稳定一致且来自于共同祖先的一个群体。品系的特征为遗传稳定性、表型一致性和来源共祖性，在育种工作中作为育种材料使用。品系包括自交系、保持系、恢复系、雄性不育系、全同胞家系、半同胞家系、转基因无性系、诱变无性系、芽变无性系、花粉组培无性系、多倍体无性系等。

12. 栽培种（cultivated species）

栽培种指具有一定经济价值、遗传性状稳定、生产上广泛栽植的作物种类。

13. 品种（cultivar）

品种指按人类需要选育出的、具有一定经济价值的作物群体。

14. 栽培植物起源（cultivated plant origin）

栽培植物起源指人类最初驯化植物的时间和地点。

15. 植物演化（evolution of plant）

植物演化指历史上野生种类被驯化并逐渐演变为现在栽培植物的过程，以及栽培植物近缘种类之间的进化关系。

16. 传播（transmission）

传播主要指植物种质资源被人类利用的历史过程，以及它们在人类引种过程中的传播路线等。

17. 植物分类（plant classification）

植物分类指按生长特性、形态特征、抗性、生态适应性、栽培特性、植物来源等对植物进行归类，以弄清植物的种和品种的类别、亲缘演化关系、命名、栽培历史和地理分布的方法。

18. 种质资源调查（exploration of germplasm resources）

种质资源调查指查清和整理一个国家或一个地区范围内资源的数量、分布、特征和特性的工作。

19. 种质基本资料（passport data）

种质基本资料指由资源收集者所做的种质鉴定和记录的资料。

20. 特征记载（characterization record）

特征记载指记录那些遗传上稳定的、视觉上能观察到的、在各种环境下均能表现出来的性状。

21. 种质资源收集（collection of germplasm resources）

种质资源收集指对种质资源有目的地汇集的方式，包括普查、专类收集、国内征集、国际交换等。

22. 植物引种（plant introduction）

植物引种指将植物栽培品种从分布地区引入到新的地区栽培或将野生资源从分布地区引入到新地区作为育种原始材料。

23. 种质资源保存（conservation of germplasm resources）

种质资源保存指为使种质资源不至流失并能延续下去的人为方式，主要包括植株保存、种子保存、花粉保存、营养体保存、分生组织保存和基因保存等方式。

24. 种质库（germplasm bank）

种质库指为利用植物种质资源而专门设立的种质保存场所。广义上讲，凡是物种集中的场所，或经过收集、引种繁殖作为保存种质的场所都可称为种质库。通常，种质库专指为改进品种而设立的种质保存场所。

25. 种质资源数据库（germplasm resource database）

种质资源数据库指种质资源的基本情况及对种质资源观察与鉴定结果的文字

和图片资料的记载、保存系统或方式，又称种质资源档案（germplasm resources file），主要包括基础数据、管理数据、鉴定和评价数据及交换数据等类型。

26. 国家植物种质资源库（national plant germplasm repository）

国家植物种质资源库指国家建立或承认的负责收集、保存植物种质资源的机构。

27. 性状鉴定（trait assessment）

性状鉴定指对植物种质资源或选育出的单系的特性、特征进行观测、测定、描述和评价。

28. 染色体组分析（genome analysis）

染色体组分析指为了研究种质资源系统发育过程中物种间的亲缘关系，对细胞染色体数目、染色体组的组成及染色体减数分裂时的行为进行的分析。

29. 染色体核型分析（chromosome karyo-type analysis）

染色体核型分析指为了研究种质资源的遗传性，对不同物种的染色体的形态结构进行的分析，主要包括染色体长度、染色体臂比、着丝点位置、次缢痕等。

30. 孢粉学鉴定（palynological identification）

孢粉学鉴定指为了判别植物种、属间的亲缘关系，采用光学或电子显微镜对花粉进行的观察、摄影和比较归类。

31. 植物品种名录（plant cultivar inventory）

植物品种名录指以摘要或列表方式介绍植物品种特性及用途，供使用者寻检查阅的工具书。

32. 植物图谱（plant atlas）

植物图谱指以图为主体，专门介绍植物品种知识的图书。

33. 植物志（flora）

植物志指以纪事言实的方式，全面系统地描述植物品种特性的著作。

34. 品种区域化（variety regionalization）

品种区域化指对优良品种适宜发展地区的分析规划和界定。

第二节　种质资源学发展简史与研究进展

种质资源派生于德国进化生物学家奥古斯特·魏斯曼（August Weismann）遗传理论中的"种质"（germplasm）。1893 年，奥古斯特·魏斯曼在其成名作《种质论》（*The Germ-Plasm：A Theory of Heredity*）中提出的生物遗传理论"种质连续学说"（theory of continuity of germplasm）指出，多细胞生物体是由种质和体质两部分组成，种质是指性细胞和产生性细胞的那些细胞，种质细胞是连续不断的、永世相传的，只存在于核内染色质中，与体质细胞始终保持分离；而体质细胞则是不连续的，每一代体质细胞均由上一代种质细胞繁衍而来，体质细胞只起着帮助和保护种质繁衍自身的作用。奥古斯特·魏斯曼认为种质资源的核心是种质，种质的载体是种质资源，种质是具有连续性和稳定性的物质，只有种质发生的变异才能成为可遗传的变异，种质发生的变异是生物进化的根本原因（Weismann，1893；吴裕，2008；郭建威，2020；张雪松等，2022）。

种质资源学是一门新兴的学科，是建立在"物种起源与进化"的理论基础上，以栽培植物起源中心理论、遗传变异的同源系列定律和作物种质资源与人文环境及社会发展的协同演变学说为基础，依托遗传多样性、完整性、特异性与累积性技术体系，研究植物起源、传播和演化及其分类和分布，并对种质资源进行考察、收集、保存、评价、研究和利用的科学，研究对象包括所有植物及其野生近缘植物，涉及植物学、植物分类学、生态学、生理学、遗传学、作物育种学和生物化学等学科（孟祥勋，2002；刘旭等，2018，2023）。作物种质资源研究大体上经历了以下 3 个发展阶段：第一个阶段是原始的自然种质资源采集，是种质资源学自发的开始；第二个阶段是利用原有种质资源广泛开展传统的驯化栽培和种质改良，种质资源学从自发走向自觉；第三个阶段是广泛开展种质资源的收集、整理、保存和利用阶段，亦是种质资源学建立及发展阶段（孟祥勋，2002）。

近代科学家对种质资源开展研究是从考察与收集开始的。19 世纪至 20 世纪初，瑞士植物学家阿尔封斯·皮拉姆·德·康多尔（Alphonse Pyrame de Candolle）是最早研究世界栽培植物起源的学者，他把世界划分为西南亚、中国和热带美洲三大栽培植物起源地区。19 世纪末期，阿尔封斯·皮拉姆·德·康多尔在其专著《栽培植物起源》（*Origin of Cultivated Plants*）中提出植物多样性集中分布于某些地理区内的论点，认为大部分栽培植物起源于旧大陆，从此在全球范围内兴起了种质资源调查和收集的热潮（de Candolle，1886；高爱农和杨庆文，2022；刘旭等，2023）。20 世纪 20～30 年代，苏联植物遗传学家与育种家尼古拉·伊万诺维奇·瓦维洛夫（Николай Иванович Вавилов）从 60 个国家收集了 25 万份作物古老地方品种和作物野生近缘种，为培育高产、环境适应性和抗逆性强的作物品种提供了亲本材料，并对它们进行了地理分布及表型多样性的研究。该行动被广泛认为是现代作物种质资源保护的先驱性工作，拉开了全球通过种子库抢救性保护种质资源的序幕，从而奠定了作物种质资源学的基础（邵启全和扎哈洛夫，1991；刘旭等，2018；方云花和杨湘云，2019）。尼古拉·伊万诺维奇·瓦维洛夫在此基础上提出了著名的"作物起源中心学说"和"性状平行变异规律"等理论。"作物起源中心学说"深刻揭示了基因在空间分布的不平衡性规律，将全世界划分为中国地区、印度斯坦地区、中东地区、地中海地区、埃塞俄比亚地区、墨西哥南部、中美洲地区、南美地区等 8 个栽培植物起源中心地区；"性状平行变异规律"揭示了亲缘关系相近的物种和属之间在遗传变异的特点方面具有相同性。这两大基本理论的成立，标志着作物种质资源学作为一门独立学科的正式形成（董玉琛，2001；刘旭等，2018；郑云飞，2021）。

种质资源是珍贵的战略资源，世界各国对作物种质资源的收集呈现全球化的趋势。美国的哈里·沃恩·哈伦（Harry Vaughn Harlan）于 20 世纪 30 年代提出植物多样性已受到威胁的论点，强调收集和保存植物种质资源的紧迫性（孟祥勋，2002）。1946 年美国颁布研究与市场法案，在该法案的指导下建立了位于艾奥瓦州中北部地区植物引种站、纽约州东北部地区农业试验站、佐治亚州南部地区植物引种站和华盛顿州西部地区植物引种站共 4 个国家级区域性植物引种站，专门用于收集、保存和评价植物种质资源，同时在威斯康星州建立了专门收集马铃薯种质资源的引种站（戎郁萍等，2007）。20 世纪 50 年代，美国区域引种站发现花费大量人力、物力从全球收集的 16 万余份室温贮藏的种子发芽率仅为 5%～10%，大部分种子失去发芽力，为了延长种子的寿命，同时便于资源的规模化集中存放和育种家随时提取利用，1958 年美国在科罗拉多州柯林斯堡建成国家种子贮藏实验室（National Seed Storage Laboratory，NSSL），这是世界上第一座国家级现代化低温种质库（董玉琛，2001；辛霞等，2022；尹广鹍等，2022）。1990 年美国国会授权开展国家遗传资源计划（National Genetic Resources Program，NGRP），主要负责对重要的种质资源进行收集、鉴定、保存、分类和利用等活动，并逐步建立种质资源信息网络（Germplasm Resources Information Network，GRIN），管理国家植物种质资源系统的数据库（戎郁萍等，2007）。目前，美国植物遗传资源系统的种质资源保护单位分为 4 种类型：第一类是国家种质库，包括国家种质资源保存中心（National Center for Genetic Resources Preservation，NCGRP，前身为 NSSL）、国家种质资源实验室（National Genomic Research Library，NGRL）和植物品种保护库等；第二类是地区级植物引种站，主要负责该地区作物种质资源收集、保存及其他工作；第三类是无性繁殖作物种质圃，主要包括综合性的果树种质圃；第四类是其他特定作物种类的种质库（圃），保存地方品种、野生种和遗传材料等（黎裕和王天宇，2018）。

通过不断调整和演变，美国逐步形成了现今的国家植物种质资源系统（National Plant Germplasm System，NPGS），截至 2024 年 5 月，NPGS 保存了 259 科 2651 属 16 737 种 619 987 份材料，该系统在美国建立了 31 个基因库，保存了超过 7% 的种质资源，占全球基因库保存总属数的 50% 以上，居世界第一位（戎郁萍等，2007；黎裕和王天宇，2018；USDA，2024）。

20 世纪 70 年代以后，中国、印度、俄罗斯、德国、日本、韩国和巴西等相继建立了国家级低温种质库，收集、保存作物种质资源（尹广鹍等，2022）。1967 年印度成立植物遗传资源国家局（刘方方等，2019），目前，印度国家作物遗传资源局基因库保存的各种农作物种质资源超过 45 万份，其中水稻种质资源超过 11 万份、小麦接近 4 万份、玉米超过 1 万份、蔬菜 2.7 万份、油料 6.1 万份、豆类 6.1 万份（郑怀国等，2021）。全俄瓦维洛夫作物科学研究所（VIR）是俄罗斯国家科学中心，距今已有 100 多年历史，主要用于收集、保存、研究和利用栽培作物和野生近缘种遗传资源，截至 2007 年 12 月，该研究所及其下属机构和试验站保存的全球植物遗传资源收集品达到 322 238 份，包含 64 科 376 属 2169 种（徐丽等，2014）。英国千年种子库（Millennium Seed Bank）是世界上最大的野生植物种子库，2000 年邱园种子库启动"千年种子库"项目，旨在保存 10% 全球种子植物的种子，重点关注濒危野生植物，以应对未来不可预测的生态环境恶化，并于 2009 年成功完成收集保存世界 10% 有花植物种子的目标（24 200 种），2014 年底保存了 35 039 种野生植物的种子。2008 年，挪威在斯瓦尔巴德群岛的斯匹次卑尔根岛地下深处修建了斯瓦尔巴全球种子库（有"世界末日种子库"之称），该种子库常年维持着-18℃，其目标是为世界各国种质库保存种质资源备份样本，确保在发生大规模区域或全球危机时，保存的资源不会丧失。该种子库因独特偏远的地理环境而远离战争等天灾人祸，被称为当今世界上最安全的基因库。至 2015 年初，斯瓦尔巴德全球种子库已保存了来自美国、墨西哥、加拿大、菲律宾、肯尼亚等 100 多个国家和地区的小麦、玉米等农作物种子 4000 种 84 万份（孟祥勋，2002；方云花和杨湘云，2019）。目前，日本国家种质库低温种子库的存取系统实现了全自动化，保存容量为 40 万份；韩国国家种质库包含低温种子库、试管苗库、超低温库、DNA 库等，低温种子库保存容量为 50 万份，2014 年韩国又在全州市新建了一座种质库（辛霞等，2022）。1971 年，国际农业研究磋商组织成立，由秘书处和 15 个国际农业研究中心组成，其中有 11 个中心涉及作物种质资源保护和利用，并建立了低温种子库、试管苗库和超低温库，是目前全球最大的作物种质资源保护和利用体系（武晶等，2022）。国际农业研究磋商组织资助了一批国际性的农业研究机构，如非洲水稻中心组织、菲律宾国际水稻研究所、墨西哥国际玉米小麦改良中心、印度国际半干旱热带作物研究所、尼日利亚国际热带农业研究所和秘鲁国际马铃薯中心，结合品种改良开展了作物遗传资源收集、整理的研究工作（孟祥勋，2002）。

中国作物种质资源研究工作起步于 20 世纪 50 年代，中国作物种质资源学的奠基人之一董玉琛院士于 1960 年提出了"品种资源"的概念，标志着中国作物种质资源学的诞生和创立（刘旭等，2018）。新中国成立以来，我国于 1956 年、1978 年和 2015 年先后开展了三次全国性大规模的农作物种质资源普查与征集工作，挽救了一大批濒临灭绝的地方栽培品种、野生种、野生近缘种及其特色种质资源（高爱农和杨庆文，2022）。目前，我国建立了国家农作物种质资源保存长期库、复份库、中期库、种质圃、信息中心、原生境保护点和国家基因库相结合的种质资源保护体系，已建立 1 个国家长期库、1 个复份库、10 个国家中期库、44 个国家种质圃、205 个野生近缘种原生境保护点、7 个繁殖更新基地及 1 个国家种质资源信息中心，在国家层面上初步对作物种质资源实现了整体保护，为我国作物育种、种业产业发展和农业原始种质创新提供了雄厚的物质基础（刘旭等，2018；高爱农和杨庆文，2022）。1986 年，中国国家作物种质库在中国农业科学院落成，总建筑面积 1700m^2，是目前世界上第二大的农作物种质库。截至 2022 年，我国长期保存作物种质资源总数量达到 52.1 万份，其中国家长期保存 45.6 万份，种质圃长期保存 6.5 万份。国家作物种质库二期扩建项目新库于 2019 年 2 月开工建设，总建筑面积 21 000m^2，于 2021 年 8 月完工投入试运行。新库将建设成集低温种子库（110 万份）、超低温库（20 万份）、试管苗库（10 万份）和 DNA 库（10 万份）为一体的 150 万份智能化保存设施，为 2035 年我国资源保存总量跃居世界第一奠定基础。我国建成了以作物、热带作物、药用植物、林木、园艺、野生种质资源等为主的六大基础平台，其中中国作物种质信息网（Chinese Crop Germplasm Resources Information System，https://www.cgris.net/）是目前世界上最大的植物遗传资源信息系统之一，截至 2023 年，拥有粮食、纤维、油料、果树、蔬菜、糖、烟、茶、桑、牧草、热作、绿肥等 340 多种作物、47 万份种质的信息。截至 2018 年，我国已建立自然保护区 2750 处，其中国家级自然保护区 474 处；自然保护区数量达到或超过 20 处的省或自治区有黑龙江、四川、内蒙古、陕西、湖南、湖北、广西、云南、甘肃等（方云花和杨湘云，2019；武晶等，2022；张雪松等，2022）。

经过近百年的努力，全球种质资源的基础性工作取得显著成效。自 1958 年美国国家种子贮藏实验室率先建立世界上第一座国家级现代化低温种子库以来，2010 年联合国粮食及农业组织统计结果表明，全世界已建成不同类型种质库 1700 余座，全球范围内收集了植物种质资源 740 多万份，其中约 90% 的种质资源以种子的形式保存于低温种质资源库中，约 130 个基因库保存的材料超过 1 万份（FAO，2010）。国际农业研究磋商组织下属的 11 个种质库保存总量近 76 万份（张雪松等，2022）。截至 2020 年底，以种子形式收集保存资源较多的国家是美国、中国和印度，这三个国家拥有世界前三大作物种质资源库，保存资源分别为 56 万份、

45.6 万份和 43 万份（郑怀国等，2021）。

在广泛开展种质资源收集和保存的基础上进行种质资源的评价、研究和利用等基础研究和应用基础研究，是种质资源学研究发展的重要阶段。作物种质资源学研究的主要任务分为基础性工作、应用基础研究和基础研究 3 个部分。基础性工作主要包括考察收集、编目入库、安全保存、繁殖更新、数据库构建和供种分发等；应用基础研究主要包括技术规程研制、遗传多样性评价、精准表型鉴定、种质资源基因鉴定、基因发掘、种质创新等；基础研究主要包括作物起源与演化、驯化与传播、种质分类和种质资源的民族植物学研究等（黎裕等，2015；刘旭等，2018）。在应用基础研究方面，作物种质资源具有丰富的遗传多样性，其遗传多样性研究仍是主流，且研究的性状从产量向营养、品质、多抗性、生理特性、耐阴性等方面拓展，单核苷酸多态性（single nucleotide polymorphism，SNP）等新一代分子标记被广泛应用（张爱民等，2018）。经过数千年在全球不同区域内驯化、改良和利用等人工选择，种质资源形成表型性状多样性，在基因组水平上对种质资源主要性状进行精准鉴定，发掘优异种质和优良等位基因，为育种奠定基础（刘旭等，2018）。近年来，随着表型组学的发展和表型鉴定平台设施的完善，可控环境下作物表型组学鉴定、作物表型图像采集和高通量表型鉴定数据处理等技术的投入应用，实现了作物种质资源表型性状高通量精准化鉴定评价，充分解析了种质资源的遗传特性，挖掘出满足作物优质、高产、抗逆和绿色发展需求的种质资源和基因资源（王晓鸣等，2022）。美国孟山都、瑞士先正达、德国巴斯夫、德国拜耳等跨国农业集团都将表型组学鉴定技术作为种质资源和育种材料精准鉴定与评价的核心技术（刘旭等，2018）。目前，国际上运行的大型表型鉴定设施有 100多套，最具代表性的如澳大利亚国家植物表型设施"植物加速器"、英国国家植物表型中心、英国洛桑实验站田间表型平台、德国 LemnaTec 公司的全自动高通量植物 3D 成像系统、德国于利希（Jülich）表型研究中心及德国 IPK 温室自动传送表型平台等。我国的表型组学设施建设起步较晚，从 2014 年开始，中国科学院、中国农业科学院、华中农业大学和华中科技大学等科研院校率先建立了一批植物表型检测系统（胡伟娟等，2019；高欢等，2022）。目前，我国种质资源研究领域科学家已对国家作物种质库（圃）中的 52 万份农作物种质资源开展了精准鉴定评价，并对 30%库存资源进行了病虫害抗性、逆境抗性及品质特性评价，各类作物鉴定的农艺性状从最初的几项发展至数十项，如小麦从 9 项增至 27 项、水稻从12 项增至 44 项、玉米从 14 项增至 67 项（程超华等，2020；王晓鸣等，2022）。在表型精准鉴定的基础上，SNP 标记、基因芯片、测序和重测序等技术广泛应用于作物种质资源基因鉴定与基因挖掘，获得了一批控制重要农艺性状的重要基因，特别注重从地方栽培品种、野生近缘种发掘关键基因，通过种质创新获得优良的商业品种。中国农业科学院作物科学研究所在国际上率先获得了小麦属与新麦草属、冰草属和旱麦草属间的杂种及其衍生后代，利用普通小麦和冰草杂交，首次育成携带冰草属 P 基因组优异基因的小麦新品种 7 个，以及涉及中国十大麦区中九大麦区的一大批后备新品种，创制出小麦育种紧缺的大穗、广谱抗病普冰系列新种质（李欢欢，2016）。

在基础研究方面，迄今为止，大多数作物起源地和驯化次数等历史问题还没有得到解决。近年来，随着全基因组重测序、miRNA 测序、RNA-Seq 和 GBS 等分析技术的应用，基于重测序分析的比较基因组学研究快速发展，作物的起源、驯化历史及遗传变异特征等种质资源学基础研究在全基因组范围内得到全面理解与诠释（黎裕等，2015）。驯化和育种改变了植物野生物种，栽培作物在驯化过程中产生了明显的表型和生理变化，利用重测序分析方法揭示作物驯化相关的遗传多样性变化，如对水稻、玉米、大豆、黄瓜等栽培作物及其野生近缘种进行群体遗传学分析发现，遗传多样性减少，连锁不平衡水平升高，受驯化和遗传改良基础选择的影响，人工选择对栽培作物的遗传资源构成产生了重大影响。驯化过程中各种作物的遗传瓶颈效应强度不一致，驯化过程中丢失的多样性：水稻为 29.9%，玉米为 16.9%，大豆为 33.3%，高粱为 35.9%，西红柿为 61.9%，黄瓜为 48.9%，西瓜为 81.6%，作物瓶颈效应越强，丢失的多样性越多（黎裕等，2015；刘旭等，2018）。Xu 等（2011）对水稻的 2 个亚种——粳稻和籼稻的分析发现，驯化后粳稻保留普通野生稻（*Oryza rufipogon*）51%的遗传多样性，而籼稻保留尼瓦拉野生稻（*Oryza nivara*）91%的遗传多样性，说明人工选择对粳稻的影响更强烈，从而导致粳稻的有效群体规模缩小。驯化后的作物遗传多样性之所以明显降低，是因为人类有目的地选择期望性状，导致在控制这些驯化性状的基因组区段中，只有目标性状的基因得以逐渐固定，而其他等位变异则被逐步淘汰。然而，作物在驯化过程中丢失大量遗传多样性的同时，由于突变和基因渐渗又产生了新的遗传多样性，利用群体基因组学对栽培品种及其近缘野生种的序列进行对比分析发现，符合遗传分化系数高、多样性差异显著和不符合中性检验 Tajima D 等特点的基因组区段区间及其包含的重要功能基因可能是驯化过程中人工选择的目标区间（黎裕等，2015；刘旭等，2018）。

随着国际社会的发展和科学技术的进步，目前种质资源研究出现了一系列新的发展趋势和特征，包括种质资源考察收集全球化、保存保护多元化、鉴定评价精准化、基因发掘规模化、种质创新目标化、共享利用主动化等，必将促进种质资源学健康快速发展。

第三节　作物种质资源研究的意义

在生物技术高速发展的今天，种质资源已经成为重要的战略资源，也是衡量综合国力的指标之一。当今，全球气候变化和人类活动对地球环境影响不断加剧，许多野生植物赖以生存的栖息地和生境遭受严重破坏，野生种质资源面临前所未有的危机，威胁着人类的可持续发展。2020 年 12 月，中央经济工作会议确定 2021 年八大重点任务，提出要加强种质资源保护和利用，加强种子库建设；要开展种源"卡脖子"技术攻关，立志打一场种业翻身仗。种子是现代农业的"芯片"，种质资源是人类社会可持续发展的根本。因此，制定合理的种质资源保护策略，加强生物多样性保护、维持和可持续利用，开展作物种质资源研究，关系到社会经济发展和稳定（李德铢等，2021）。

一、作物种质资源研究是物种多样性保护的需要

种质资源是珍贵的农业遗产与自然资源，各国政府和国际组织从战略高度重视作物遗传资源的收集、保存与研究利用。20 世纪以来，随着农作物新品种的大面积推广及全球环境、人口变化等因素的影响，作物遗传资源多样性不断遭到破坏或丧失，迫切需要对种质资源进行收集保存以保护物种多样性（焦庆清，2011）。目前保存的种质资源通过分发利用和基因发掘等途径，已产生了巨大的社会和经济效益，这也反映出了种质资源收集保存的重要性。

首先，种质资源收集的意义在于避免作物种质资源多样性丧失。随着新品种或杂交种的推广，具有高产、抗病、抗虫、抗旱或节肥特性的新品种不断涌现，农民乐于种植这些品种以替代低产或性状欠佳的老品种，这是一种极自然的趋势，也使得许多老品种，特别是古老的地方品种逐渐被淘汰，导致某些重要的经过长期人工选择与自然选择形成的遗传资源有消失的危险。而且一个品种一旦在生产上被淘汰，如果再得不到有效保护，就会永远消失，植物种质资源的遗传多样性就会被栽培品种所破坏，广阔的遗传基础被狭窄地代替，就会导致许多古老、特有品种消失。此外，若一个国家或地区大面积推广某个经济价值高的优良新品种，一旦气候条件发生变化，或者出现新的病害，就会造成毁灭性的损失。种质资源收集可以避免因病虫害、选择性种植而导致资源消失的后果（王爱丽和骆忠伟，2014；卢新雄等，2019）。

其次，随着大规模开垦荒地、过度放牧、森林砍伐、农用土地减少、土质变差、沙漠化和盐渍化等问题日益严重，自然资源和生态环境遭到严重破坏，森林面积逐渐减少，热带雨林也在逐渐消失。加之工业环境污染、全球气候变暖、被誉为人类"生命之伞"的大气臭氧层破坏逐年加剧，使植物种质资源和农业受到威胁。据报道，臭氧层年均变薄 0.4%，臭氧层变薄造成的危害极大，主要是紫外线的 B 波段对地面辐射的增加会造成农作物植株变矮、叶片变厚、籽粒千粒重变小、生物学产量降低，植物的组织和细胞也会受到损害。生态环境的改变，使得

许多有用的植物资源（包括一些作物的野生近缘种）日趋减少，有的甚至濒临灭绝。为此，对于生态环境正在遭受破坏的遗传多样性富集地区，需及时调查收集野外种质资源，对之进行有效保存或保护（卢新雄等，2019）。

最后，随着现代工业、交通运输业及水利设施等的蓬勃发展，势必要扩大城镇，修筑道路、机场等，开采各种矿产，建设大型水库，大量占用农田、草原、山野，从而产生各种类型的环境污染，不仅会破坏植被，而且会造成生态环境改变，同样也会使植物种质资源多样性日趋减少。为此，须在进行相关建设前，对该建设地区的种质资源进行抢救性收集保存（卢新雄等，2019）。

生物多样性的保护是人类生存和可持续发展的基础，虽然全球范围内的物种多样性保护工作已经取得一定进展，但是目前我们仍面临着生态环境的恶化和物种灭绝速度加快的严峻局面，许多物种甚至在我们认识它们以前就消失了，因此必须加快研究步伐，建立更为科学和完善的种质资源搜集、保存和利用体系。

二、种质资源研究为育种工作提供了物质基础

作物育种的本质就是按照人类的意图对种质资源进行不同形式的加工改造，大量的育种实践证明，育种家拥有种质资源的数量和质量以及对种质资源研究的深度和广度是决定育种成效的主要条件之一，也是衡量其育种水平高低的重要标志（李雪芹，2007）。拥有的种质越丰富，研究越深入，在新品种选育中就越有针对性和预见性。新品种选育的突破有赖于现有品种资源中特有基因的发现，植物种质资源可为现代植物育种的发展提供关键的原材料，没有种质资源就没有品种改良。因此，育种先进的国家都特别重视种质资源研究工作。在现有的种质资源中，任何品种或类型都不可能具有与人类要求完全相符的综合性状，但是优良品种所要求的优良性状可以分别存在于不同的种质资源（品种、类型、野生种）中。国际上常把储备各类材料的各种基因资源称为基因库或基因银行，意思是可以随时从中选取所需基因。例如，利用杂种优势是水稻超高产育种的主要途径，水稻亚种间杂种优势明显，一般比常规品种增产30%以上，但籼粳亚种杂种一代的育性障碍为育种者直接利用其杂种优势带来诸多困难。而含有广亲和基因的亚种间杂交可以克服杂种的部分不育性，因此利用广亲和性强、亲和谱广的种质资源将有助于解决这一问题，使利用水稻籼粳亚种间强大的杂种优势成为可能（曾千春等，2000；李雪芹，2007）。

三、种质资源研究为育种工作提供了突破性关键基因资源

从全球范围的作物育种显著成就来看，突破性品种的育成决定于关键性优异

种质资源或基因的挖掘和利用,稀有特异种质对育种成效具有决定性的作用。所谓特异种质资源是指可用于遗传育种研究、具有特异性状的遗传材料,包括具有抗病虫、抗逆性状的品种(系)、突变体、近等基因系、重组近交家系群体、加倍单倍体群体、同核异质系、野生种质渐渗系、基因聚合系和染色体变异体等(周宝良和张天真,2005;李雪芹,2007)。我国种质资源丰富,许多特异珍贵种质资源已被发现,如水稻的广亲和材料,小麦太谷显性核不育材料,水稻、油菜、谷子、大麦、小麦光温敏雄性不育材料和核质互作雄性不育材料,抗旱抗寒半野生大麦等,花生高油酸材料等,它们是我国未来作物遗传育种产生新突破的重要物质基础(张天真,2003;陈静,2011)。例如,水稻、小麦矮秆品种的育成,是发现和利用了'低脚乌尖'和'农林10号'的矮源;水稻和高粱的杂交种品种的育成,在雄性不育系方面海南野生稻的不育细胞质和西非迈罗高粱的不育细胞质起到了关键性的作用;优质蛋白玉米的育成,是发现和利用了玉米高赖氨酸突变体 *Opaque-2* 与玉米营养品质的遗传改良;水稻矮源如'矮脚南特'和'矮子粘'等,掀起了全国水稻矮秆育种的热潮(焦庆清,2011;程绪生等,2017)。因此,稀有特异种质资源的发掘与利用对育种工作的突破起着至关重要的作用,未来作物育种上的重大突破仍将取决于关键性优异种质资源的发现与利用。

四、利用多样化种质资源是克服新品种遗传基础狭窄的有效方法

利用多样化种质资源是克服新品种遗传基础狭窄的有效方法。近代育种的发展趋势表明,同一作物的育种都应用了一些来源相同或相近的种质。因此,新品种的推广,特别是一些突破性单一品种的大面积推广,在推动生产发展的同时也导致了品种遗传基础贫乏化,必然会增加作物对病虫害危害抵抗的脆弱性,如美国 1970 年玉米小斑病 T 小种大流行等。大量实践证明,要克服遗传脆弱性,必须探索新的基因资源,选育具有不同遗传基础的新品种。种质资源研究可拓宽育种亲本的遗传基础,避免遗传一致性的危险。许多国家和地区种植的地方特有栽培品种正在被外来新品种替代而消失,使得种植品种的多样性减少和一致性增强。随着遗传上有关联的少量的优异品种的大面积推广,种植品种变得单一、狭窄,容易造成灾难性病虫害大面积暴发,进而危及人类自身的生存。因此,亲本遗传的高度一致性存在巨大的安全隐患,而通过收集保存种质资源,可有效拓宽亲本的遗传基础,以避免育种亲本遗传一致性的危险(卢新雄等,2019)。

五、种质资源研究是挖掘野生植物资源、发展新作物的重要手段

作物种质资源学主要聚焦作物及其野生近缘植物多样性及其利用,可以通

过解决种质资源保护与利用中的重大科学问题和技术难题，实现种质资源高效利用（刘旭等，2023）。种质资源是人类驯化发展新作物的主要来源，现有的栽培作物都是经过漫长的历史选择由野生植物驯化而来，是人类改造和利用植物资源的过程。随着现代科学技术的发展，挖掘野生植物资源，从野生植物资源中驯化出更多的新作物，以满足人们生产和生活日益增长的需要。目前全世界已经发现的 39 万种植物中，栽培的作物仅有 2300 种，其中食用作物约 900 种，经济作物约 1000 种，饲料、绿肥作物 400 种。随着遗传资源的搜集和研究工作的推进，可利用的野生植物种类越来越多。近年来，许多国家更加重视野生植物资源的探查和挖掘，如在油料、麻类、饲料、造纸和药用等植物方面，从野生植物中直接选出一些优良类型，进而培育出具有经济价值的新作物或新品种（李雪芹，2007）。

第二章　葛属植物的命名与分类

葛属（*Pueraria* DC.）隶属于豆科蝶形花亚科，为粗壮型缠绕藤本或草本植物，由奥古斯丁·彼拉姆斯·德·堪多（Augustin Pyrame de Candolle）1825 年提出并建立，并以块茎葛[*Pueraria tuberosa* (Roxb. ex Willd.) DC.]为本属模式种。目前，全球有葛属植物 15～20 种，主要分布在亚洲东部、东南部和南部地区，如中国、印度、韩国、泰国和日本等（Lackey，1981；van der Maesen，2002；Lewis et al.，2005；Langran et al.，2010；Egan and Pan，2015b；Egan，2020；朱卫丰等，2021）。野葛[*Pueraria montana* var. *lobata* (Willd.) Maesen & S. M. Almeida ex Sanjappa & Predeep]、粉葛[*Pueraria montana* var. *thomsonii* (Benth.) Wiersema ex D. B. Ward]、食用葛（*Pueraria edulis* Pampan）、块茎葛、泰葛（*Pueraria mirifica* Airy Shaw & Suvathabandu）为中国、日本、韩国、印度和泰国等的常用药用植物（Wang et al.，2020a；朱卫丰等，2021），但由于品种变迁，本草书籍记载模糊，难以仅凭入药根部的形态区分近缘种等问题导致葛属植物普遍存在"同名异物""同物异名"的现象，加之葛属植物物种界定模糊，物种是否独立成种等问题，阻碍了葛属植物分类。因此，对葛属植物物种命名的整理、物种的界定、近缘类群的分类将有利于明确葛种物种的多样性，这不仅有助于后续葛种质资源的鉴定和利用，而且还可在辨别葛根真伪的基础上探寻是否有近缘种可以作为葛根的补充药源，为研发葛属植物现代药食同源保健产品提供科学基础。

第一节　葛属植物的命名

一、命名

葛属学名定为'*Pueraria*'是为了致敬马克·尼古拉斯·普埃拉里（Marc Nicolas Puerari）。葛属异名有 *Cadelium* Medik.、*Chrystolia* Montrouz. ex Beauvis.、*Glycine* L.、*Kennedynella* Steud.、*Leptocyamus* Benth.、*Soja* Moench 和 *Triendilix* Raf.（世界在线植物志，http://www.worldfloraonline.org/）。奥古斯丁·彼拉姆斯·德·堪多构建葛属时葛属仅包括两个物种：块茎葛和须弥葛（*Pueraria wallichii* DC.），两个物种都具有缠绕的藤本习性、大型的羽状三出复叶和长而下垂的花序，但仔细观察两个物种仍具有明显的差异。1831 年，纳萨尼尔·瓦立池（Nathaniel

Wallich）在《瓦立池目录》中列出了部分物种名称，尽管部分学者认为这是名目数据（标定数据），但乔治·边沁（George Bentham）和其他学者仍使用了这些名称。1852 年，乔治·边沁建立了草葛属（*Neustanthus*），并将草葛[*Neustanthus phaseoloides* var. *phaseoloides* (Roxburgh) Bentham]移入该属。随后，乔治·边沁根据在关节上豆荚微收缩、胚珠没有发育的形态特点，将原草葛属中的 9 个物种合并入葛属（*Pueraria*）（Bentham，1865a）。自此，更多学者提出了葛属物种的新名，但当扩大研究材料范围时发现很多都是同名异物（表 2-1）。

表 2-1　葛属植物中文名、学名、异名和别名

中文名	学名和命名人	异名	别名
密花葛	*Pueraria alopecuroides* Craib	—	狐尾葛、葛根藤、毛花葛藤
双翅葛	*Pueraria bella* Prain	—	—
贵州葛	*Pueraria bouffordii* H. Ohashi	—	大卫葛藤
黄毛萼葛	*Pueraria calycina* Franchet	*Pueraria forrestii*	毛萼葛、黄毛萼葛藤、萼花葛
长序葛	*Pueraria candollei* Wallich ex Bentham	*Pueraria candollei* var. *candollei*	—
食用葛	*Pueraria edulis* Pampan	*Pueraria edulis* var. *likiangensis*、*Pueraria bicalcarata*、*Pueraria quadristipellata*	甘葛、葛粉、葛藤、葛根、食用葛藤
加瓦尔葛	*Pueraria garhwalensis* L.R. Dangwal & D.S. Rawat		—
大花葛	*Pueraria grandiflora* B. Pan bis & Bing Liu		
覆瓦葛	*Pueraria imbricata* Maesen	—	—
缅葛	*Pueraria lacei* Craib	—	—
锥序葛	*Pueraria maesenii* Niyomdham	—	—
泰葛	*Pueraria mirifica* Airy Shaw & Suvathabandu	*Pueraria candollei* var. *mirifica*	白葛根
野葛	*Pueraria montana* var. *lobata* (Willd.) Maesen & S.M. Almeida ex Sanjappa & Predeep	*Pueraria pseudohirsuta*、*Pueraria triloba*、*Pueraria harmsii*、*Pueraria hirsuta*、*Pueraria neo-caledonica*、*Pueraria novo-guineensis*、*Pueraria thunbergiana*、*Neustanthus chinensis*、*Pachyrhizus thunbergianus* *Dolichos lobatus*、*Dolichos hirsutus*、*Dolichos trilobus*、*Pueraria lobata*、*Pueraria volkensii*、*Pueraria koten*、*Pueraria caerulea*、*Pueraria argyi*、*Pueraria bodinieri*	葛、葛根、山葛、野山葛、山葛藤、越南葛藤

续表

中文名	学名和命名人	异名	别名
葛麻姆	*Pueraria montana* var. *montana* (Loureiro) Merrill	*Glycine javanica*、*Pachyrhizus montanus*、*Dolichos montanus*、*Pueraria omeiensis*、*Pueraria thunbergiana* var. *formosana*、*Pueraria tonkinensis*、*Stizolobium montanum*、*Pueraria lobata* var. *montana*	山葛、越南葛、越南野葛
粉葛	*Pueraria montana* var. *thomsonii* (Bentham) Wiersema ex D. B. Ward	*Pueraria lobata* var. *chinensis*、*Pueraria chinensis*、*Dolichos grandifolius*、*Pachyrhizus trilobus*、*Dolichos trilobus*、*Pueraria thomsonii*、*Pueraria lobata* subsp. *thomsonii*、*Pueraria montana* var. *chinensis*、*Pueraria lobata* var. *thomsonii*	甘葛藤、甘葛、大葛藤
新喀葛	*Pueraria neocaledonica* Harms	—	—
峨眉葛	*Pueraria omeiensis* F.T. Wang & Tang ex B. Pan *bis*, W.B. Yu & R.T. Corlett	*Pueraria montana* var. *montana*	峨嵋葛藤
美花葛	*Pueraria pulcherrima* Merr. ex Koorders-Schumacher	*Mucuna pulcherrima* *Pueraria novo-guineensis*	—
锡金葛	*Pueraria sikkimensis* Prain		
块茎葛	*Pueraria tuberosa* (Roxb. ex Willd.) DC.	*Desmodium tuberosum* *Hedysarum tuberosum*	—
蒙自葛	*Pueraria xyzhui* H. Ohashi & Iokawa		云南葛
紫花琼豆	*Teyleria stricta* (Kurz) A.N. Egan & B. Pan *bis* △	*Pueraria stricta*	掸邦葛、小花野葛
苦葛	*Toxicopueraria peduncularis* (Benth.) A.N. Egan & B. Pan *bis* △	*Pueraria peduncularis*、*Neustanthus peduncularis*	红苦葛、白苦葛、云南葛藤
须弥葛	*Haymondia wallichii* (DC.) A.N. Egan & B. Pan *bis* △	*Pueraria wallichii*	思茅葛、喜马拉雅葛、瓦氏葛藤
草葛	*Neustanthus phaseoloides* (Roxb.) Benth. △	*Pueraria phaseoloides*	三裂叶野葛
—	*Millettia rigens* (Craib) Niyomdham △	*Pueraria rigens*	—
肉色土圞儿	*Apios carnea* (Wall.) Benth. △	*Cyrtotropis carnea*、*Pueraria stracheyi*	满塘红

注："学名和命名人"参考世界在线植物志里的名称；"—"表示未查到，后同。△表示原归置于葛属中

目前，关于葛属包含多少个物种并没有确切的数字。中国生物物种名录2024版（http://www.sp2000.org.cn/CoLChina）中认可的葛属植物有9种4变种。世界在线植物志认可的葛属植物是20种。国际植物名称索引（https://www.ipni.org/）

记录了 83 个葛属物种的名称，其中 13 个是变种、3 个是亚种。此外，葛属中部分种存疑。大花葛在葛属中拥有最大的花序（长度为 22～25mm），在形态上与块茎葛、葛比较相似（表 2-2），但又有明显差异（Pan et al., 2015）。峨眉葛（*Pueraria omeiensis*）最早收录在《中国高等植物图鉴》第二册，发表时未用拉丁名描述，也未指定模式标本。根据花部形态解剖特征和其他形态性状的定量分析，峨眉葛顶生小叶的先端尾状渐尖，与同属植物相比没有明显差异，应置于野葛（*Pueraria montana* var. *lobata*）之下，但与野葛相比，两者化学成分又有明显差异，因此其分类地位存疑（吴德邻等，1994）。一些学者认为峨眉葛（*Pueraria omeiensis*）与葛麻姆（*Pueraria montana* var. *montana*）为同一物种，应该作为葛麻姆的异名处理（谢璐欣，2021）。利用随机扩增多态性 DNA 技术对葛属植物的分析结果则表明峨眉葛应该与野葛是同一个种，不应是独立种（曾明等，2000）。目前，基于形态和分子证据的研究支持将峨眉葛（*Pueraria omeiensis* F.T. Wang & Tang ex B. Pan bis*, W.B. Yu & R.T. Corlett）作为独立的物种，其近缘物种为食用葛，在形态上与葛麻姆存在差异，应该加以区分。该物种的主要鉴别特征是：枝条具有密集的皮孔，顶生小叶圆形或者近圆形，小叶不开裂，花萼的 4 枚萼齿近等长（Pan et al., 2023）。

表 2-2　大花葛与葛、块茎葛的主要形态性状比较（Pan et al.，2015）

形态特征	块茎葛	大花葛	葛
小叶	全缘	全裂或具 3 裂片	全裂或具 3 裂片
托叶	箭头形	箭头形	线性
花序	多分枝	不分枝或 1 分枝	不分枝或 1 分枝
花长度	约 15mm	22～25mm	8～22mm
花萼裂片	下瓣比其他瓣稍长	下瓣比其他瓣稍长	下瓣比其他瓣远长
花期	3～4 月，无叶	6～9 月，具叶	7～9 月，具叶
根	近球形	近球形	细长
被毛	有硬毛	有硬毛	有硬毛或粗毛
荚果	缢缩状	缢缩状	长椭圆形

Pueraria stracheyi Barker 起初被詹姆斯·安德鲁·莱基（James Andrew Lackey）归到他构建的葛属分类系统的 D 组中，但是此后的研究（Lackey，1977b；van der Maesen，1985）将 D 组所有物种移出了葛属，并且建议归到宿苞豆属（*Shuteria* Wight & Arn.）中，但原因未明。*Pueraria stracheyi* 和硬毛宿苞豆 [*Harashuteria hirsuta* (Baker) K. Ohashi & H. Ohashi] 在花的大小、花序长度、花的颜色和龙骨瓣等形态性状上均有明显区别。根据形态性状和地理分布位置，*Pueraria stracheyi* 应该与肉色土圞儿（*Apios carnea*）为同一物种，因此应该将

Pueraria stracheyi 处理为肉色土圞儿的异名（Egan and Pan，2015a）（表 2-3）。

表 2-3　*Pueraria stracheyi* 和硬毛宿苞豆、肉色土圞儿的形态性状比较（Egan and Pan，2015a）

形态性状	硬毛宿苞豆	*Pueraria stracheyi*	肉色土圞儿
叶片形状	卵圆形	卵圆形至长圆形	卵圆形至近长圆形到长圆形
叶片数量	3	5	5
叶片顶端	渐尖	尾尖	急尖到尾尖
花序长度	16cm	27cm	40cm
每节花数目	2 朵	3 朵以上	1 朵至更多
花冠颜色	白中带紫	微红色	粉红色、红色或橙色
花长度	12mm	15～25mm	15～25mm
龙骨瓣	线形	弯曲	线形，弯曲到环形

　　丽花野葛（*Pueraria elegans* Wang & Tang）在形态上与贵州葛（*Pueraria bouffordii*）类似，同样具紫褐色枝和淡紫色花，且分布区域同为贵州高海拔地区，因此丽花野葛与贵州葛为同一物种，作为贵州葛的异名处理（刘良科和肖龙骞，2019）。

　　葛（*Pueraria montana*）及其变种的中文名、拉丁名、药材名均没有完全统一（表 2-1）。劳伦斯·约瑟夫斯·赫拉尔杜斯·范德曼森（Lanrentins Josephus Gerardus van der Maesen）以 *lobata* 作为葛的种加词，将野葛变种处理为原变种（*Pueraria lobata* var. *lobata*），将粉葛（*Pueraria lobata* var. *thomsonii*）和葛麻姆（*Pueraria lobata* var. *montana*）处理为葛的变种。但形态记录上，野葛花冠为 10～12mm（实际应为 14～16mm），葛麻姆花冠为 12～15mm（实际应为 10～12mm）（谢璐欣，2021）。《中国植物志》英文修订版中葛的种加词为 *montana*，野葛（*Pueraria montana* var. *lobata*）为原变种，粉葛（*Pueraria montana* var. *thomsonii*）和葛麻姆（*Pueraria montana* var. *montana*）仍作为葛的变种处理。《中华人民共和国药典》（2020 年版　一部）已明确规定野葛、甘葛藤两种植物分别作为葛根和粉葛的正品药源，葛属其他植物因研究过少、有效成分含量不高、药理功效不明确或具有一定植物毒性等而未在该版药典上记录。例如，在云南玉溪和大理有食用葛、越南葛代替葛根使用的情况；在贵州和四川将峨眉葛和食用葛作为葛根或粉葛使用；在浙江南部个别地区将草葛（三裂叶野葛）混作葛根；在西藏部分区域将苦葛当作葛根使用，但苦葛含有植物毒性，一般只用于病虫害防治和制作农药，现在主要用于农药研发；在广西，很早就有关于粉葛栽培的记载，其中甘葛藤根为常用粉葛根，因其淀粉含量丰富也经常被用于食品制作，而麻葛藤块根含有较多纤维且叶形较大，用于制作葛衣的历史十分悠久（吴志瑰等，2020；李袁杰等，2022）。由于混用、替用情况严重，导致葛属药用植物在后续命名和界定中都存在问题，同名异物或同物异名现象常见，在不同的书籍和数据库中及地方使用的名称均有混杂的情况（表 2-4）。

表 2-4　葛属药用植物同名异物或同物异名

基源植物	拉丁名	药材名
野葛	*Pueraria montana* var. *lobata*	葛根
粉葛（甘葛藤）	*Pueraria montana* var. *thomsonii*	粉葛、葛根
葛麻姆（山葛）	*Pueraria montana* var. *montana*	葛根
食用葛（食用葛藤）	*Pueraria edulis*	葛根、粉葛
草葛（三裂叶野葛）	*Neustanthus phaseoloides*	葛根
峨眉葛（峨嵋葛藤）	*Pueraria omeiensis*	粉葛、葛根
密花葛	*Pueraria alopecuroides*	密花葛、狐尾葛
苦葛	*Toxicopueraria peduncularis*	葛根
块茎葛	*Pueraria tuberosa*	印度葛根
泰葛	*Pueraria mirifica*	白葛根

二、葛根本草考证

（一）中国

历代本草和医方著作中记载葛根的名称有葛、干葛、甘葛根、粉葛、甜葛根、柴葛根、葛粉等，基原植物也存在变迁（吴志瑰等，2020）。历代医药学家对葛从植物形态（包括根的大小、粗细等）方面进行了描述：葛具有粉性多肉或稍有纤维性的根，缠绕型长蔓，红紫花等特点。南北朝以前用的葛根应为野葛或甘葛藤，南北朝至汉唐时期则为甘葛藤或食用葛藤。宋朝之后本草记载的葛根品种开始多样化，可食用的葛属植物包括甘葛藤、野葛、三裂叶野葛和食用葛，但甘葛藤和野葛形态存在差异，推测与野生或栽培及产地环境等因素的影响有关。明清时期则主要以野葛、甘葛藤和食用葛作为葛根来源。现对历代本草关于葛根的记载和描述进行整理，以提供不同时期葛根品种情况。

葛根始载于《神农本草经》，被列为中品，药性味甘、平，记载"主消渴，身大热，呕吐，诸痹，起阴气，解诸毒，葛谷，主下利，十岁已上。一名鸡齐根。生川谷"，但缺少形态学描述。唐代苏敬等的《新修本草》中记载"生者捣取汁饮之，解温病发热。其花并小豆花干末，服方寸匕，饮酒不知醉"。陶弘景的《名医别录》记载"无毒。主治伤寒中风头痛，解肌发表出汗，开腠理，疗金疮，止痛，肋风痛。生根汁，大寒，治消渴，伤寒壮热"。陶弘景的《本草经集注》记载"即今之葛根。人皆蒸食之。当取入土深大者，破而日干之。生者捣取汁饮之，解温病发热……南康、庐陵间最胜，多肉而少筋，甘美，但为药用之，不及此间尔"，表明葛根可药食两用。孟诜的《食疗本草》记载"蒸食之，消酒毒。其粉亦甚妙"。陈藏器的《本草拾遗》记载"可断谷不饥，根堪作粉"，说明与野葛相比，甘葛藤具粉性而纤维性弱，符合"味多肉而少筋，味道甜美，粉性强"的特征（陈藏器，2004）。根据以上记载，汉唐时期食用和药用葛根均为豆科植物食用葛藤（刘灿坤和于瑞杰，1997），或认为南北朝到唐代所使用的药食两用葛根品种为甘葛藤（黄再强等，2016）。

宋代苏颂的《本草图经》开始对葛根的形态作出描述："葛根，生汶山川谷，今处处有之，江浙尤多。春生苗，引藤蔓，长一、二丈，紫色；叶颇似楸叶而青；七月着花，似豌豆花，不结实；根形如手臂，紫黑色"。北宋唐慎微的《经史证类备急本草》（后简称《证类本草》）附有"成州葛根"和"海州葛根"图，其中成州葛根具单叶，与葛属三小叶明显不同；海州葛根具三小叶、荚果和块根，似葛属植物野葛，表明当时已经有多品种混用（王家葵等，2007；吴志瑰等，2020）。北宋寇宗奭的《本草衍义》对葛根的记载为"澧、鼎之间，冬月取生葛，以水中揉出粉，澄成垛，先煎汤使沸，后擘成块下汤中，良久，色如胶，其体甚韧"，根据"水中揉出粉"的描述，推测这里提到的葛根品种可能为甘葛藤或食用葛（李先恩等，2015）。宋代时期，野葛、甘葛藤和三裂叶野葛均有记载（刘灿坤和于瑞杰，1997；吴志瑰等，2020）。

明代李时珍的《本草纲目》载："葛有野生，有家种，其蔓延长，取治可作絺绤。其根外紫内白，长者七八尺。其叶有三尖，如枫叶而长，面青背淡。其花成穗，累累相缀，红紫色。其荚如小黄豆荚，亦有毛。其子绿色，扁扁如盐梅子核，生嚼腥气，八、九月采之，《本经》所谓葛谷者是也。"这里所描述的品种应为野葛，且有野生和家种两种。朱橚的《救荒本草》记载："葛根今处处有之，苗引藤蔓，长二、三丈，茎淡紫色，叶颇似楸叶而小色青，开花似豌豆，花粉紫色，结实如皂角而小，根形如手臂"，并附有葛根图，可认为是甘葛藤或食用葛。《本草品汇精要》（刘文泰等，1982）同时记载了葛根和葛粉，并指出葛粉为葛根之所作也，今人多食之甚益人。

清代叶天士的《本草经解》中记载："葛根气平，禀天秋平之金气，入手太阴肺经；味甘辛无毒，得地金土之味，入足阳明经燥金胃"。清代吴其濬的《植物名实图考》记载："遍体皆细毛者可织布，曰毛葛；遍体无毛者，曰青葛，不可织。"根据书上图中所绘叶子形状及茎上粗毛的多少，推测该植物可能为甘葛藤和野葛（吴志瑰等，2020）。

近现代，《中国医学大辞典》（谢观，1921）、《中国药学大辞典》（《中国药学大辞典》编委会，2010）附图为豆科植物野葛，而描述的葛根的特征则是食用葛藤或甘葛藤的根。《中药志》（中国医学科学院药物研究所等，1979）记载部分地区使用的还有食用葛藤、峨眉葛、三裂叶野葛。1963 年版《中华人民共和国药典》仅记载葛根为野葛（*Pueraria pseudohirsuta*）的根。1977 年版至 1995

年版《中华人民共和国药典》都以豆科植物野葛或甘葛藤的干燥根为中药葛根的来源。2015 年版《中华人民共和国药典》规定葛根为豆科植物野葛的干燥根，粉葛为豆科植物甘葛藤的干燥根，两者均具有解肌退热、生津止渴、透疹、升阳止泻、通经活络、解酒毒的功效，但野葛和甘葛藤两者根的味道、质地等特征是有区别的，可见，药典中分列两药是有必要性和合理性的（吴志瑰等，2020；杨碧穗等，2021）。

（二）日本

葛在日本分布广泛，已被日本纳入汉方医学系统中作为汉方药使用，来源植物的形态描述和葛根的应用方法与中国古籍记载基本类似，一直有药食两用的传统（苏提达，2017；吴志瑰等，2020）。公元 1200 年镰仓时期就有葛根淀粉用于食用和药用的记载。《万叶集》中关于葛的诗歌多达 24 首（伊藤操子，2010）；《新编灵宝药性能毒》中记载了采制葛根时间为 5 月（松村光重和御影雅幸，2002）；《本草和名》中记载了多个葛根的异名：鸡齐根、黄斤、鹿霍、葛脰、黄葛根等（深根辅仁，1978）；《菜谱》中记载冬春季节掘取山野中生长的葛，可制作葛粉食用，味佳，可治消渴与泻痢（贝原益轩，1815）。公元 1600 年至 1867 年，葛根收载于《日本药局方》中，确定其基源植物为野葛。《大和本草》中总结了葛根的药性和功效（贝原益轩，1709）。

（三）泰国

泰国的葛根来源于豆科葛属植物白葛根，与中国常用葛根的基源植物不同。泰国各地称呼略有不同，通常将泰国的葛根称为 Kwaw krua 或 Kwao keur。泰国传统药用葛根始载于《葛根处方》，分为白葛、红葛、黑葛、么葛，但仅记录了红葛根和白葛根的形态差别及白葛根的药用价值。

《暹罗社会杂志》（*Journal of the Siam Society*）植物学分册中误将白葛根命名为艳紫铆（*Butea superba*）。1952 年 Suvatabandhu 与赫伯特·肯尼斯·艾里·肖（Herbert Kenneth Airy Shaw）将白葛根改名为泰葛（*Pueraria mirifica* Airy Shaw & Suvathabandu），并归到葛属。此后，Niyomdham 根据泰葛（*Pueraria mirifica*）的形态将之改名为泰葛（*Pueraria candollei* var. *mirifica*）。《泰国植物志》（*Flora of Thailand*）描述了泰葛的形态特点，并将之列为泰国葛根正品来源。白葛根（即泰葛）为泰国独有品种，在泰国北部、东北部、中部及南部广泛分布。红葛根为艳紫铆，黑葛根为大果油麻藤（*Mucuna macrocarpa*）（苏提达，2017）。

（四）印度

根据《印度阿育吠陀药典》（*The Ayurvedic Pharmacopoeia of India*），印度的葛根来源于豆科葛属植物块茎葛（*Pueraria tuberosa*），当地称 Vidari、Indian kudzu 或

Vidarikanda，在印度民族医学及印度医学体系中的阿育吠陀医学中应用广泛，属于阿育吠陀医学八大分支中用于补益身体、延缓衰老的药用植物（Maji et al.，2014）。

（五）美国

1876 年葛作为观赏植物由日本引种到北美洲，因其叶片生长迅速及藤本植物的特性，最初被用于房屋的遮阴、装饰；1910～1935 年葛根常用作畜牧、饲料和干草。如今，葛根及其地上部分覆盖着美国 300 万 hm² 的土地，并以每年 5000hm² 的增长速度蔓延，已被美国列为入侵物种（Egan，2020）。

（六）欧洲

自 19 世纪 80 年代起，葛在欧洲就作为观赏或绿化植物被引入。近年来，在瑞士和意大利北部的皮埃蒙特到弗留利-威尼斯朱利亚地区均有葛入侵的现象，而在奥地利及斯洛文尼亚尚未发现葛的分布（Celesti-Grapow et al.，2010；Gigon et al.，2014）。

第二节　葛属的分类

一、葛属及其豆科近缘属的分类

奥古斯丁·彼拉姆斯·德·堪多起初将葛属归到百脉根族（Loteae）蝶豆亚族（Clitoriinae），接近大豆属（*Glycine* Willd.）。块茎葛最早定名为 *Hedysarum tuberosum* Roxb. ex Wilid.，并归入岩黄芪属（*Hedysarum* L.），然而，岩黄芪属植物具有节荚果，而块茎葛形态与之有差异。此后，乔治·边沁发现不完全受精经常导致豆科植物豆荚收缩，在此基础上，罗伯特·怀特（Robert Wight）和乔治·阿诺特·瓦尔克·阿诺特（George Arnott Walker Arnott）（1834）修订了蝶豆亚族的分类位置，认为块茎葛可能应该归入岩黄芪族（Hedysareae）的山蚂蟥属（*Desmodium* Desv.）。后来，葛属归到菜豆族（Phaseoleae）的刀豆亚族（Diocleinae）（Bentham，1865b；Taubert，1894；Harms，1915；Hutchinson，1964）。但詹姆斯·安德鲁·莱基修订了菜豆族，并将葛属归到大豆亚族组合（the alliance of the Glycininae Benth.）（Lackey，1977a）。该组合包括 2 个组 16 个属（Lackey，1981），其中，大豆组（*Glycine* group）包括 *Eminia* Taub.、*Pseudeminia* Verdc.、*Pseudovigna* Verdc.、葛属（*Pueraria* DC.）、土黄芪属（*Nogra* Merr.）、华扁豆属（*Sinodolichos* Verdc.）、大豆属（*Glycine* Willd.）、软荚豆属（*Teramnus* P. Br.），宿苞豆组（*Shuteria* group）包括 *Diphyllarium* Gagnep.、闭荚藤属（*Mastersia* Benth.）、琼豆属（*Teyleria* Backer）、宿苞豆属（*Shuteria* Wight & Arn.）、山黑豆属（*Dumasia* DC.）、紫胁豆属（*Cologania* Kunth.）、两型豆属（*Amphicarpaea* Elliott ex Nutt.）和爪哇大豆属

（*Neonotonia* Lackey）（Lackey，1977b）。

目前，《中国植物志》将葛属归到蔷薇超目豆目豆科蝶形花亚科菜豆族大豆亚族中，世界在线植物志将葛属归到豆目豆科中。

二、葛属的界定

部分葛属物种很难界定并分类，比如，小花野葛（*Pueraria stricta* 或 *Pueraria brachycarpa*）[现确定与紫花琼豆（*Teyleria stricta*）为同一种，因此作为紫花琼豆的异名]和双翅葛（*Pueraria bella*）更适合归到爪哇大豆属（Lackey，1977b），导致葛属（*Pueraria*）的单系性存疑。形态性状（Lackey，1977b；van der Maesen，1985）和系统发育分析（Lee and Hymowitz，2001；Doyle et al.，2003；Stefanović et al.，2009；Cagle，2013；Egan et al.，2016）均表明葛属是一个复系类群，其中有 4 个类群应该从葛属分离，分别为琼豆属（*Teyleria*，或者紫花琼豆组合）、草葛属（*Neustanthus*）、苦葛属（*Toxicopueraria*）和须弥葛属（*Haymondia*），其余葛属暂归为狭义葛属（*Pueraria s. str.*）。狭义葛属物种具有如下特点：块根，盾状托叶，叶柄圆柱形，花序每节 3 花，荚果成熟不卷曲，果皮纸质等（Egan et al.，2016）。

（一）琼豆属

琼豆属学名定为 *Teyleria* 是为了纪念荷兰哈勒姆的丝绸制造商和科学赞助人彼得·泰勒·范德赫尔斯特（Pieter Teyler van der Hulst）而命名。由于该属模式种琼豆（*Teyleria koordersii = Teyleria tetragona*）在我国的模式标本采自海南岛，因此属的中文名取自海南省的简称"琼"。

小花野葛（*Pueraria stricta*，现确定与紫花琼豆为同一种，因此作为紫花琼豆的异名）含有刀豆氨酸，但大豆亚族多数类群不含有此物质。1977 年，詹姆斯·安德鲁·莱基在修订菜豆族的分类时，认为该种应被移出葛属，并应该被归入他当时发表的新属——爪哇大豆属（Lackey，1977c）。

1985 年，劳伦斯·约瑟夫斯·赫拉尔杜斯·范德曼森对葛属进行了分类学修订，支持含有刀豆氨酸的紫花琼豆移出葛属的观点。基于核基因 *AS2* 和多个叶绿体基因的系统发育的分析表明，紫花琼豆位于由爪哇大豆属和琼豆属构成的分支中，且和琼豆属物种聚在一起，这与刀豆氨酸的存在有相关性。紫花琼豆生境、花序大小、花萼形状、花的形状和大小以及荚果长度和形状等特征均与爪哇大豆属的长序大豆[*Neonotonia wightii* (Graham ex Wight & Arn.) J.A. Lackey]存在明显差异，不支持将该种归到爪哇大豆属。至此，紫花琼豆正式被组合到琼豆属，它与琼豆属其他物种的共有衍征为叶柄具棱，茎四棱形，小型的花生于直立的花序轴上，雄蕊单体，荚果于种子间具隔膜，以及种皮表面具有纹饰（Egan and Pan，2015b；Egan et al.，2016）。共有衍征是由某个类群的共同祖先衍生而来的性状，由此也可推知这些类群的亲缘关系较近。

　　Lackey（1977b）和 van der Maesen（1985）支持 *Pueraria tetragona* Merr.[现与琼豆（*Teyleria tetragona*）为同一种，因此作为琼豆的异名]转入琼豆属，并建立了一个新组合——琼豆[*Teyleria tetragona* (Merr.) J.A. Lackey ex Maesen]。琼豆（*Teyleria tetragona*）的荚果长 4～7cm，宽约 0.5cm，而琼豆属模式种琼豆[*Teyleria koordersii* (Backer ex Koorders-Schumacher) Backer，现与琼豆（*Teyleria tetragona*）为同一种，因此作为琼豆的异名]的荚果则长约 3cm，宽约 0.3cm（van der Maesen，1985）。但在少数标本中，琼豆（*Teyleria koordersii*）的荚果大多数宽约 0.4cm，极接近 0.5cm，琼豆（*Teyleria tetragona*）与琼豆（*Teyleria koordersii*）的荚果长度均为 3～5cm 不等，其中以荚果长为 3～4cm 的情况居多。然而，能否根据荚果长和宽的这种连续变异的形态学特征去准确地界定这两个种还有待商榷，这两个种实际上应考虑视为同一种（Egan and Pan，2015b）。由于 *Teyleria tetragona* 的基原异名 *Pueraria tetragona* 早于 *Teyleria koordersii* 的基原异名 *Glycine koordersii* Backer ex Koorders-Schumacher，因此将 *Teyleria koordersii* 处理为 *Teyleria tetragona* 的异名。

（二）草葛属

　　该属拉丁学名"*Neustanthus*"可能来源于希腊语 νευστάζω（neustázō，垂头）和 ἄνθος（ánthos，花），指花随风飘动之貌；或来源于希腊语 νευστήρ（neustér，游泳的）和 ἄνθος（ánthos，花），指花形酷似游泳者。模式种草葛（*Neustanthus phaseoloides*）是该属的唯一种，由于该种在很多特征上与菜豆属（*Phaseolus*）植物具有相似性，故其种加词确定为 *phaseoloides*，意为"菜豆状的"。

　　英国植物分类学家乔治·边沁在植物学杂志《容洪植物》（*Plantae Junghuhnianae*）中发表了草葛属（*Neustanthus* Benth.），后被长期视作葛属的异名，并且将苏格兰植物分类学家威廉·罗克斯堡（William Roxburgh）发表的镰扁豆属（*Dolichos* L.）下的 *Dolichos phaseoloides* Roxb. nom. nud. 移到该属，学名相应变更为 *Neustanthus phaseoloides* (Roxb.) Benth.。同时，乔治·边沁还发表了新种爪哇草葛（*Neustanthus javanicus* Benth.）、穗花草葛（*Neustanthus subspicata* Benth.）和 *Neustanthus peduncularis* Graham ex Benth.。其中，*Neustanthus peduncularis* 现确定与苦葛[*Toxicopueraria peduncularis* (Benth.) A.N. Egan & B. Pan *bis*]为同一种，因此现在作为苦葛的异名处理（Egan and Pan，2015b）。1851 年，乔治·边沁又在《香港植物志》中发表了 *Neustanthus chinensis* Benth.，后被确定与野葛（*Pueraria montana* var. *lobata*）为同一种，作为野葛的异名处理。

　　1865 年，乔治·边沁又将模式种草葛（*Neustanthus phaseoloides*）和穗花草葛（*Neustanthus subspicata*）合并进葛属，分别将学名更改为 *Pueraria phaseoloides* (Roxb.) Benth. 和 *Pueraria subspicata* (Benth.) Benth.。1867 年，乔治·边沁将

Neustanthus peduncularis Graham ex Benth.移到葛属下，学名相应变更为 *Pueraria peduncularis* (Graham ex Benth.) Benth.。

1876 年，英国著名植物分类学家约翰·吉尔伯特·贝克（John Gilbert Baker）将爪哇草葛归到葛属的草葛[*Pueraria phaseoloides* (Roxb.) Benth.]下，使之成为草葛的一个变种，变更学名为 *Pueraria phaseoloides* var. *javanica* (Benth.) Baker。

1985 年，劳伦斯·约瑟夫斯·赫拉尔杜斯·范德曼森又将穗花草葛移到葛属的草葛[*Pueraria phaseoloides* (Roxb.) Benth.]下，作为草葛的变种，命名为 *Pueraria phaseoloides* var. *subspicata* (Benth.) Maesen。

2001 年，李贞兰（Jeongran Lee）和西奥多·希莫维茨（Theodore Hymowitz）通过系统发育分析证明草葛和豆薯属（*Pachyrhizus* Rich. ex DC.)物种互为姐妹群。基于核基因和叶绿体基因片段的分子系统学的研究结果支持将草葛从葛属划分出去（Egan and Pan，2015b），命名为草葛属（*Neustanthus*）。大豆亚族（Glycininae Benth.）分子系统发育分析表明，草葛属是一个单系类群，并且与华扁豆属（*Sinodolichos* Verdc.）互为姐妹群，而不是葛属（*Pueraria*）（Egan et al.，2016）。

（三）苦葛属

苦葛属中文名来源于该属模式种苦葛(*Toxicopueraria peduncularis*)的中文名。1852 年，英国著名植物分类学家乔治·边沁根据纳萨尼尔·瓦立池的 Cat. 5334 号标本发表了新种苦葛（*Neustanthus peduncularis*）。1867 年，乔治·边沁将这一种转移到葛属下，学名变更为 *Pueraria peduncularis*。此后，由于苦葛和须弥葛含有刀豆氨酸等原因，分类学家在做葛属的分类修订时，无法确定苦葛的分类学位置，但主张苦葛移出葛属。

1977 年，詹姆斯·安德鲁·莱基将苦葛归于他的葛属分类系统的 D 组中，但苦葛无侧脉叶肉，具有极微小苞片，花萼基部皱缩状，荚果压扁、纸质等特征，表明苦葛应从葛属中剔除。1985 年，劳伦斯·约瑟夫斯·赫拉尔杜斯·范德曼森对葛属进行了分类学修订，支持将苦葛移出葛属的处理。

云南苦葛（或云南葛藤，*Pueraria yunnanensis*)起初归在葛属中，Lackey（1977b）根据其小苞片、花萼基部的皱缩和纸质荚果等形态性状认为应该将它移出葛属，但未作处理。劳伦斯·约瑟夫斯·赫拉尔杜斯·范德曼森和詹姆斯·安德鲁·莱基认为 *Pueraria yunnanensis* 应该与苦葛（*Toxicopueraria peduncularis*）为同一种，因此将 *Pueraria yunnanensis* 作为苦葛的异名。但云南苦葛与苦葛在形态、地理分布、物候学、叶表皮和种皮上有明显差别，因此仍作为不同种处理。分子系统学结果支持苦葛属（*Toxicopueraria* A.N. Egan & B. Pan *bis*）作为一个新属，属下包含 2 个种：苦葛[*Toxicopueraria peduncularis* (Benth.) A.N. Egan & B. Pan *bis*，即原来的 *Pueraria peduncularis*]和云南苦葛[*Toxicopueraria yunnanensis* (Franch.) A.N. Egan & B. Pan

bis，即原来的云南葛藤（*Pueraria yunnanensis* Franch.）]（Egan and Pan，2015b；
Egan et al.，2016）。

（四）须弥葛属

须弥葛属学名"*Haymondia*"的命名人是韦尔比·迪恩·海蒙德（Welby Dean
Haymond）和温德华·温纳·戴维斯·海蒙德（Mildred Winona Davies Haymond）。
丹麦植物学家纳萨尼尔·瓦立池采集了该种的模式标本，并将这份标本连同大量
采自尼泊尔的植物标本寄送给瑞士著名植物分类学家奥古斯丁·彼拉姆斯·德·堪
多，后者以须弥葛（*Pueraria wallichii* DC.）首次发表。"须弥"来源于梵语的 सुमेरु
（Sumeru），意为高山，借指该种的原产地之一——喜马拉雅山（Pan et al.，2015）。

詹姆斯·安德鲁·莱基对菜豆族进行分类时发现，可依据每一节着生花的数目、
托叶形态、花萼形态、旗瓣基部有无胼胝体、荚果形态等将葛属划分为 4 个群，其
中须弥葛归为 D 组，该组还包括 *Pueraria peduncularis*{即现在的苦葛[*Toxicopueraria
peduncularis* (Benth.) A.N. Egan & B. Pan *bis*]}和 *Pueraria stracheyi* Baker（即现在的
肉色土圞儿）。由于须弥葛含有刀豆氨酸，因此应移出葛属（Lackey，1977a）。随后，
劳伦斯·约瑟夫斯·赫拉尔杜斯·范德曼森对葛属进行了分类学修订，并将须弥葛
归入短枝组中（van der Maesen，1985）。由于这些存疑类群与菜豆族其他类群的属
间或种间关系的不确定性，詹姆斯·安德鲁·莱基和劳伦斯·约瑟夫斯·赫拉尔杜
斯·范德曼森均未考虑发表新属（van der Maesen，1985）。

利用叶绿体基因间隔区 *rps*16 序列进行分子系统学分析，样品包括美花葛、
草葛、葛、紫花琼豆和须弥葛等物种，结果表明，须弥葛应当在大豆亚族的基部，
但与同在大豆亚族基部的闭荚藤（*Mastersia assamica* Benth.）的系统发育关系模
糊，这一结果证实了须弥葛应当从葛属中独立出来（Lee and Hymowitz，2001）。
此后分子系统学结果进一步证明须弥葛的系统发育位置应当在菜豆族的基部，但
该种和菜豆族基部其他类群的关系依旧不明确（Cagle，2013；Egan et al.，2016）。
随后，Egan 等（2016）对广义葛属的系统发育分析表明须弥葛属为一个新属，并
正式发表须弥葛[*Haymondia wallichii* (DC.) A.N. Egan & B. Pan *bis*]。

须弥葛的关键形态性状为雄蕊束和花柱在花晚期向上抬升至触及旗瓣或近乎
触及旗瓣，推测此特征可能是须弥葛属与土圞儿属（*Apios* Fabr.）、油麻藤属（*Mucuna*
Adans.）、旋花豆属（*Cochlianthus* Benth.）和山蚂蝗族[Desmodieae (Benth.) Hutch.]
中部分属的共有衍征。

在豆科植物系统发育工作组（Legumes Phylogeny Working Group，LPWG）关
于豆科新亚科分类系统的研究中，基于叶绿体片段 *mat*K 的系统发育树表明须弥
葛属与油麻藤属、山蚂蝗亚族构成复系类群，因此可将该属视为须弥葛群
（*Haymondia* Group），但各分类群的系统发育关系仍需要进一步分析。

三、葛属分类系统

葛属植物形态特点为：缠绕藤本或草本；叶为具 3 小叶的羽状复叶，托叶基部着生或盾状着生，有小托叶；具腋生总状花序或圆锥花序，苞片极早落，蝶形花冠，线性荚果，近圆形或长圆形种子。不同学者将葛属分为 4 组或者 3 系（Lackey，1977b；van der Maesen，1985）。

乔治·边沁根据托叶的性状（形状及着生方式）、花萼裂片的长度和荚果的性状（大小或形状等）将葛属划分为 3 个组，但没有对组系定名，且分组相对混乱。例如，他认为根据托叶着生方式划分的组中应该包括所有非盾形托叶的物种，但实际上 3～4 个有盾形托叶的物种也包含在其中。Baker（1876）将葛属划分为 3 个亚属：葛亚属（subgen. *Pueraria* proper）、草葛亚属（subgen. *Neustanthus* Benth.）和裂叶亚属（subgen. *Schizophyllon* Baker）。Prain（1897）在该分类系统中加入了几个种，随后 Taubert（1894）认为应该将亚属称为组。詹姆斯·安德鲁·莱基根据每一节着生花的数目、托叶性状、联合的上部花萼裂片是否存在、旗瓣基部有无胼胝体、荚果的形状和种子数目将葛属分为 4 个组（A 组、B 组、C 组、D 组）（Lackey，1977b）。随后，他修订葛属时认为 D 组应该从葛属移除，B 组和 C 组应该独立出来，各自成属（表 2-5）。分子系统学结果支持 B 组、C 组和 D 组植物不应该归在（狭义）葛属中（Lee and Hymowitz，2001；Egan et al.，2016）。

表 2-5　詹姆斯·安德鲁·莱基构建的葛属分类系统（Lackey，1977b）

组别	拉丁名	中文名
A	*Pueraria alopecuroides*	密花葛
A	*Pueraria calycina*	黄毛萼葛
A	*Pueraria candollei*	长序葛
A	*Pueraria edulis*	食用葛
A	*Pueraria lacei*	缅葛
A	*Pueraria lobata*	野葛
A	*Pueraria lobata* var. *thomsonii*	粉葛
A	*Pueraria lobata* var. *montana*	葛麻姆
A	*Pueraria mirifica*	泰葛
A	*Pueraria pulcherrima*	美花葛
A	*Pueraria sikkimensis*	锡金葛
A	*Pueraria tuberosa*	块茎葛
B	*Pueraria phaseoloides*	三裂叶野葛
B	*Pueraria subspicata*	—
C	*Pueraria bella*	双翅葛

续表

组别	拉丁名	中文名
C	*Pueraria brachycarpa*	—
C	*Pueraria bouffordii*	贵州葛
C	*Pueraria collettii*	—
C	*Pueraria imbricata*	覆瓦葛
C	*Pueraria grandiflora*	大花葛
C	*Pueraria xyzhui*	蒙白葛
C、B	*Pueraria stricta*	小花野葛
D	*Pueraria barbata*	—
D	*Pueraria composita*	—
D	*Pueraria peduncularis*	苦葛
D	*Pueraria rigens*	—
D	*Pueraria wallichii*	须弥葛
D	*Pueraria yunnanensis*	云南葛藤
D	*Pueraria assamica*	—
D	*Pueraria hirsuta*	—
D	*Pueraria stracheyi*	—
D	*Pueraria tetragona*	—

注："—"代表暂无中文名

　　为了在不同类群间区分亲缘关系更为接近的类群，以往处理葛属分类时多采用分组排列。劳伦斯·约瑟夫斯·赫拉尔杜斯·范德曼森对葛属进行了分类学修订（van der Maesen，1985，1994，2002；van der Maesen and Almeida，1988），将葛属 17 种植物划分为 3 个组：葛组（sect. *Pueraria* van der Maesen）、裂叶组（sect. *Schizophyllon* van der Maesen）和短枝组（sect. *Breviramulae* van der Maesen）（van der Maesen，1985）。葛组物种具有每节（2～）3 朵花；托叶盾形；萼片上部分裂或完全联合，旗瓣基部是否具有胼胝状附属物；豆荚扁长圆形，革质；种子扁长圆形，每豆荚可达 15 粒种子。其中，将多年生藤本，花丛早生，每节 3 朵花，叶早落的植物归于葛属亚组（subsect. *Pueraria*），包括块茎葛、锡金葛、长序葛和泰葛；将多年生藤本，花合生，每节（2～）3 朵花，开花时叶在的植物归在非裸花亚组（subsect. *Nonnudiflorae*），包括葛、覆瓦葛、食用葛、密花葛、黄毛萼葛、缅葛、双翅葛；将多年生藤本，花小，每节 3 朵小花，最初近无柄，盾形托叶抱茎，覆盖芽的植物归在美花亚组（subsect. *Pulcherrima*），包括美花葛。裂叶组物种具有每节 4～6 朵花，叶未落时开放，托叶不在基部，上部花萼片裂齿离生，旗瓣基部无胼胝体，荚果呈圆柱形，在 15～20 粒桶状种子之间有纸质隔膜等形态特点，包括草葛。短枝组物种具有直立，灌木，具卷毛，托叶无或微小且着生于基部，常簇生或排成圆锥花序式，每节 4～10 朵花，聚生于增厚的短枝上，上部花萼片裂齿离生或消失，旗瓣基部无胼胝体，荚果扁平，纸质或较坚硬，4～10 粒扁球形种子等形态特点，包括苦葛、紫花琼豆、须弥葛和巴豆藤。基于 24 个形态性状（习性、顶生小叶的长宽比、花序数目等）修订劳伦斯·约瑟夫斯·赫拉尔杜斯·范德曼森的葛属分类系统，可分为 3 组，即葛组、裂叶组和短枝组。其中葛组和裂叶组合并后分为 3 个亚组，第一亚组包括密花葛和双翅葛；第二亚组包括葛、粉葛、三裂叶野葛、食用葛、黄毛萼葛和缅葛；第三亚组包括块茎葛、覆瓦葛、锡金葛、美花葛、泰葛和长序葛。修订后的短枝组分为 3 个亚组，即云南葛藤、须弥葛构成一个亚组；紫花琼豆（小花野葛）单独成一个亚组；巴豆藤单独成一个亚组（张奠湘和陈忠毅，1995）。然而，分子系统学结果并没有支持这一分类处理。原归在短枝组的须弥葛和紫花琼豆（小花野葛），在分子系统学结果中都各自成分支，紫花琼豆（小花野葛）应该归到琼豆属，而须弥葛应该归到须弥葛属（Lee and Hymowitz，2001；Egan et al.，2016）。此后陆续报道的葛属新种：蒙自葛（Ohashi and Iokawa，2006）、贵州葛（Ohashi，2005）、大花葛（Pan et al.，2015）与葛属其他物种的系统发育关系尚不明确。

　　《中国植物志》记载我国葛属植物有 8 种 3 变种，分别是野葛（*Pueraria montana* var. *lobata* = *Pueraria lobata* var. *lobata*）、粉葛（甘葛藤）（*Pueraria montana* var. *thomsonii* = *Pueraria lobata* var. *thomsonii*）、葛麻姆（*Pueraria montana* var. *montana* = *Pueraria lobata* var. *montana*）、须弥葛（*Haymondia wallichii* = *Pueraria wallichii*）、三裂叶野葛（*Neustanthus phaseoloides* = *Pueraria phaseoloides*）、密花葛（*Pueraria alopecuroides*）、食用葛（*Pueraria edulis*）、苦葛（*Toxicopueraria peduncularis* = *Pueraria peduncularis*）、黄毛萼葛（*Pueraria calycina*）、紫花琼豆（小花野葛）（*Teyleria stricta* = *Pueraria stricta*）。此外，还有两个新种：大花葛（*Pueraria grandiflora* B. Pan *bis* & Bing Liu）（Pan et al.，2015）和峨眉葛（*Pueraria omeiensis* F.T. Wang & Tang ex B. Pan *bis*, W.B. Yu & R.T. Corlett）（Pan et al.，2023）。其中以野葛、粉葛、食用葛、峨眉葛及三裂叶野葛的资源较为丰富，而黄毛萼葛、密花葛、须弥葛及紫花琼豆（小花野葛）集中分布于云南，呈区域性分布。

　　利用叶绿体基因组针对葛及其近缘类群进行系统发育分析（图 2-1），结果表明，基于形态性状构建的葛属是一个复系类群（广义葛属），食用葛（*Pueraria edulis*）、贵州葛（*Pueraria bouffordii*）、泰葛（*Pueraria mirifica*）、苦葛（*Toxicopueraria peduncularis*）构成葛的姐妹群，葛种构成一个单系类群，并进一步划分为野葛分支（*Pueraria montana* var. *lobata* clade）和葛麻姆分支（*Pueraria montana* var. *montana* clade），野葛分支包括所取样的野葛和粉葛。利用溯祖模拟（coalescent simulation）检测不完全谱系分选（ILS）对于叶绿体树的拓扑结构的影响，结果表明，利用叶绿体基因组序列模拟的 10 000 棵叶绿体树的总结树显示葛属内多个分支的分支频率较低（图 2-2），而且葛分支内频率也较低，说明叶绿体不完全谱系分选或杂交可能都对叶绿体树的拓扑结构有影响。

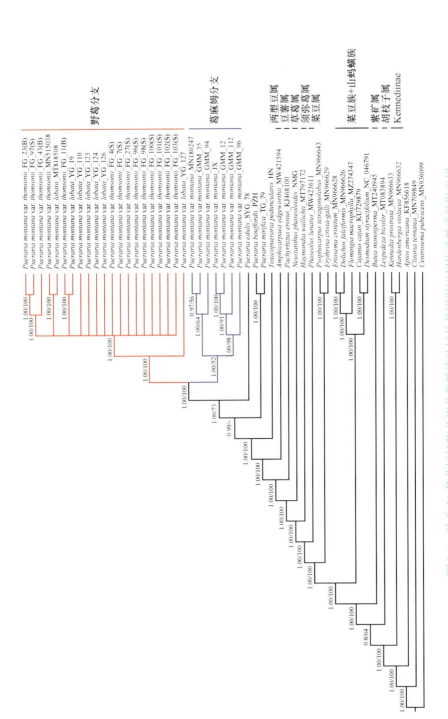

野葛分支

葛麻姆分支

两型豆属
草薯属
须弥葛属
莱豆属

菜豆族+山蚂蟥族

紫矿属
胡枝子属
Kennedinae

Pueraria montana var. thomsoni_FG_23(B)
Pueraria montana var. thomsoni_FG_97(S)
Pueraria montana var. thomsoni_FG_43(B)
Pueraria montana var. thomsoni_MN515038
Pueraria montana var. thomsoni_FG_11(B)
Pueraria montana var. lobata_MT818508
Pueraria montana var. lobata_YG_19
Pueraria montana var. lobata_YG_110
Pueraria montana var. lobata_YG_123
Pueraria montana var. lobata_YG_124
Pueraria montana var. lobata_YG_126
Pueraria montana var. thomsoni_FG_4(S)
Pueraria montana var. thomsoni_FG_7(S)
Pueraria montana var. thomsoni_FG_27(S)
Pueraria montana var. thomsoni_FG_96(S)
Pueraria montana var. thomsoni_FG_98(S)
Pueraria montana var. thomsoni_FG_100(S)
Pueraria montana var. thomsoni_FG_101(S)
Pueraria montana var. thomsoni_FG_102(S)
Pueraria montana var. thomsoni_FG_103(S)
Pueraria montana var. lobata_YG_127
Pueraria montana var. montana_MN180247
Pueraria montana var. montana_GMM_35
Pueraria montana var. montana_GMM_94
Pueraria montana var. montana_JX
Pueraria montana var. montana_GMM_12
Pueraria montana var. montana_GMM_112
Pueraria montana var. montana_GMM_96
Pueraria edulis_SYG_78
Pueraria bouffordii_PZH
Pueraria mirifica_TG_79
Toxicopueraria peduncularis_HN
Amphicarpaea edgeworthii_MW421594
Pachyrhizus erosus_KJ468100
Neustanthus phaseoloides_NMG
Haymondia wallichii_MT797172
Phaseolus lunatus_MW423611
Psophocarpus tetragonolobus_MN966643
Erythrina crista-galli_MN966629
Eriosema crinitum_MN966628
Dolichos falciformis_MN966626
Flemingia macrophylla_MZ274347
Cajanus cajan_KU729879
Desmodium styracifolium_NC_046791
Butea monosperma_MT240945
Lespedeza bicolor_MT083894
Kennedia prostrata_MN966633
Hardenbergia violacea_MN966632
Apios americana_KF856618
Clitoria ternatea_MN709849
Centrosema pubescens_MN936099

图2-1 基于51条葛属植物及相关类群的叶绿体基因组序列构建的系统发育树

树背架为贝叶斯树(BI树),分支上方为贝叶斯树的后验概率/最大似然树(ML树)的自展支持率。Toxicopueraria peduncularis:苦葛;Amphicarpaea edgeworthii:两型豆;Pachyrhizus erosus:豆薯;Neustanthus phaseoloides:草葛;Haymondia wallichii:须弥葛;Psophocarpus tetragonolobus:四棱豆;Erythrina crista-galli:鸡冠刺桐;Flemingia macrophylla:大叶千斤拔;Cajanus cajan:木豆;Grona styracifolia:广东金钱草;Butea monosperma:紫矿;Lespedeza bicolor:胡枝子;Kennedia prostrata:铺地蝴蝶豆;Hardenbergia violacea:紫一叶豆;Apios americana:北美土圞儿;Clitoria ternatea:蝶豆;Centrosema pubescens:距瓣豆。图2-2和图2-3同

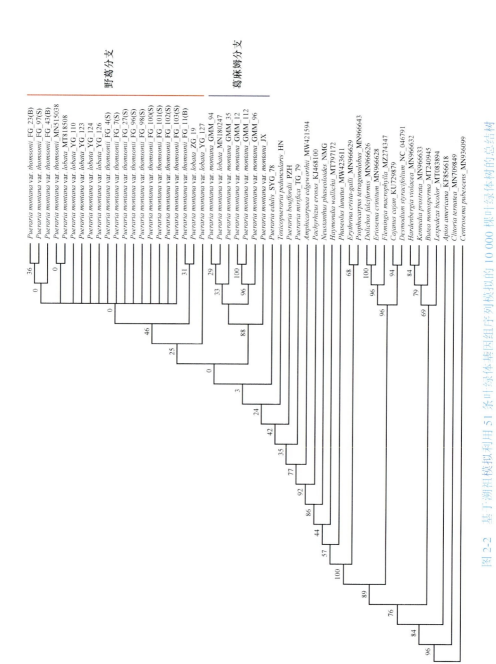

图 2-2 基于溯祖模拟利用 51 条叶绿体基因组序列模拟的 10 000 棵叶绿体树的总结树

分支上的数字表示模拟基因树的分支频率

四、葛的界定

葛属中最常见且产业价值较大的种为葛，葛包含野葛、粉葛和葛麻姆 3 个变种。《中国植物志》将葛作为一个独立种，粉葛和葛麻姆作为其变种。野葛与粉葛均被列入我国卫生部批准的《既是食品又是药品的物品名单》，在 2020 年版《中华人民共和国药典》中，这两个变种作为两种独立药。2021 年，粉葛确定为广西特色药材品种之一，而野葛长期处于主要依靠采挖野生资源的原始利用阶段（Zhao et al.，2011；Wang et al.，2018）。因此，探讨葛的分类系统合理性对于其药用价值开发和利用以及生态环境保护都具有重大科学意义。

由于葛种质资源分类困难，葛属植物大部分都是以根茎入药，在外观上并不能直观地判断出是哪个种的根，导致葛属药用植物混用乱用现象严重。同名异物、形态等原因同样导致葛 3 个变种的界定和分类模糊。例如，van der Maesen（1985）指出葛麻姆和粉葛为葛的变种，三者的关键鉴别形态性状是顶生小叶形态、苞片和小苞片相对长度、翼瓣和龙骨瓣相对长度、花萼长度和荚果长度，然而，这些用于鉴别的关键形态性状存在连续变异，或者有与《中国植物志》不符的地方，从而导致无法仅凭形态性状快速、准确鉴定到种。

基于叶片的电化学信号的聚类结果表明，15 个不同采集地的野葛、粉葛和葛麻姆各自聚成一个分支，野葛和葛麻姆的亲缘关系较近，可利用激发发射矩阵（EEM）荧光光谱和 N-PLS-DA 模型联用对药材葛根中的混伪品进行定性定量分析（Liu et al.，2019；Wang et al.，2020b）。基于一次性丝网印刷电极（disposable screen-printed electrodes，SPEs）的叶片组织剖面电化学分析的结果表明，葛 3 个变种与须弥葛、云南葛藤构成一个分支，其中野葛与须弥葛关系较近，而粉葛与云南葛藤的关系较近（Zhang et al.，2020a）。江西、四川等地 127 份野葛样品的 8 个表型性状（如茎秆被毛、叶片颜色和大小等）变异范围较大（袁灿等，2017），广西葛种质资源主要是粉葛和葛麻姆，其形态存在较大的差异（尚小红等，2020），同时根据叶片形态和当年种植后开花的情况，粉葛又可分为小叶粉葛和大叶粉葛。因此，无论是从叶片电化学性质还是从形态表型都很难区分葛 3 个变种以及 3 个变种与葛属近缘类群的亲缘关系。

目前，常用于葛属植物的分子标记主要有随机扩增多态性 DNA（randomly amplified polymorphic DNA，RAPD）、简单序列重复区间扩增多态性（inter-simple sequence repeat，ISSR）、序列相关扩增多态性（sequence-related amplified polymorphism，SRAP）、简单重复序列（simple sequence repeat，SSR）、目标起始密码子多态性（start codon targeted polymorphism，SCoT）、DNA 条形码和转录组等，主要用于研究葛属植物的遗传多样性、种质资源鉴定与分类、功能基因克隆及合成途径等（杨碧穗等，2021），而对于葛 3 个变种的系统发育关系或分类系统的研究相对较少。RAPD 支持葛麻姆和粉葛独立成种（曾明等，2000）；曾明等（2003）基于 nrITS 序列的分析结果则支持粉葛为葛变种，葛麻姆独立成种；而蒋向辉等（2016）基于 nrITS 的分子系统学研究显示，葛 3 个变种并不构成 3 个单系分支，且与基于形态学构建的分类系统差异较大。此外，利用 *CHS* 基因（张丽等，2019）或 ITS2 序列（Zhang et al.，2020b）能够从亚种水平对葛根和粉葛及其制品进行鉴定，并能检测替代物（如峨眉葛）或检测是否存在真菌感染的问题（Zhang et al.，2020b）。

利用叶绿体基因组针对葛 3 个变种及其近缘类群进行系统发育分析(图 2-3)，结果表明，基于形态性状构建的葛属是一个复系类群，即广义葛属，葛 3 个变种构成一个单系类群，并进一步划分为野葛分支和葛麻姆分支（Zhou et al.，2023）。

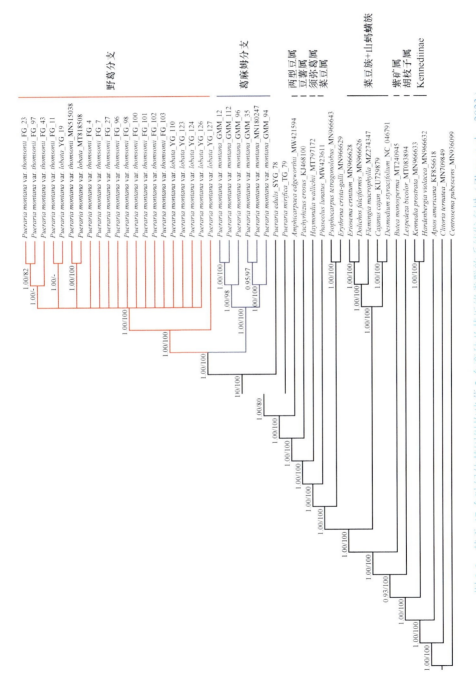

图 2-3 基于 47 个叶绿体基因组构建葛 3 个变种及其近缘类群的系统发育树 (Zhou et al., 2023)

树骨架为贝叶斯树, 分支上方为贝叶斯树的后验概率/最大似然树的自展支持率

第三章 葛属植物的分布、起源与演化

葛属（*Pueraria* DC.）是豆科蝶形花亚科的缠绕藤本或草本植物。葛属植物原本种植区在亚热带及热带地区，其起源或分化中心为东亚或者欧亚大陆的中纬度地区，尤其是葛根（野葛）作为药用植物资源广泛应用在中国、日本、泰国等，并通过亚洲引种到欧洲、美国等地。葛属植物常生长于森林边缘、河溪边灌木等地，因此葛属植物种间、种内的形态均有不同。在长期的演化过程中，该属植物的托叶着生方式（基部着生或盾状着生）、花序的长短及分枝情况、每节着生花数目等特征与其近缘类群明显不同，形态学鉴别能直观阐明种属间关系。显微结构、染色体数目、化学成分等也促使葛属分类结果更可靠。然而，葛属植物起源历史悠久、种类繁多，它过于庞大的群体数量、同名异物的普遍性以及在分类过程中不同研究学者的分类标准不同，使得目前葛属植物的分类极不确定。而明确葛属植物的分布、起源和演化等不仅可以准确掌握葛属植物种质资源，而且可以为推动葛属资源的开发和利用，为进一步构建葛属分类系统提供理论支撑。

第一节 葛属植物的分布

一、葛属植物的世界分布概况

葛属植物原产于亚热带及热带地区（表 3-1），并在中新世至上新世开始多元化发展（苏提达，2017）。葛属植物的起源和分化中心是中国西南部或中国和印度相邻地区（Egan，2020）。后从东亚迁移至美国或世界各地。其中，野葛（葛根）和草葛（热带葛根）被广泛引种到各地（van der Maesen，1985；Lindgren et al.，2013）。葛属植物主要分布在森林，尤其是森林边缘、中等降雨低海拔季风森林、潮湿度不同的灌木植被区。比如，苦葛生于茂密的树荫下，或者只在高纬度地区可见。不丹、泰国、中国（尤其是云南）、印度都是研究葛属植物分布的热点区域。

表 3-1 葛属植物的分布

中文名	拉丁名	主要分布
密花葛	*Pueraria alopecuroides*	缅甸、中国（云南）、泰国
双翅葛	*Pueraria bella*	缅甸、中国（藏南地区）

续表

中文名	拉丁名	主要分布
黄毛萼葛	*Pueraria calycina*	中国（云南）
	Pueraria candollei	孟加拉国、缅甸、印度（安达曼群岛、阿萨姆邦、锡金）、泰国、老挝
食用葛	*Pueraria edulis*	不丹、中国（云南、四川、广西）、印度（曼尼普尔邦、锡金）、美国（夏威夷州）、老挝、菲律宾、越南
覆瓦葛	*Pueraria imbricata*	老挝、泰国
缅葛	*Pueraria lacei*	缅甸
野葛	*Pueraria montana* var. *lobata*	日本、中国、印度、巴布亚新几内亚、太平洋岛屿、澳大利亚、斐济、印度尼西亚、日本、韩国、马来西亚、新喀里多尼亚、新赫布里底群岛、菲律宾、萨摩亚、所罗门群岛、泰国、汤加、美国、越南
粉葛	*Pueraria montana* var. *thomsonii*	不丹、缅甸、中国（江西、广西、广东、海南、香港、云南、四川）、印度（梅加拉亚邦、那加兰邦、锡金）、老挝、菲律宾、美国（夏威夷州）、越南
葛麻姆	*Pueraria montana* var. *montana*	中国（云南、四川、贵州、湖北、浙江、江西、湖南、福建、广西、广东、香港、台湾、海南）、菲律宾、缅甸、日本、老挝、越南
泰葛	*Pueraria mirifica*	泰国
美花葛	*Pueraria pulcherrima*	印度尼西亚、菲律宾、所罗门群岛
锡金葛	*Pueraria sikkimensis*	不丹、印度（锡金）
块茎葛	*Pueraria tuberosa*	缅甸、中国（云南）、泰国、印度、尼泊尔、巴基斯坦
大花葛	*Pueraria grandiflora*	中国（四川、云南）
峨眉葛	*Pueraria omeiensis*	云南、四川、西藏
苦葛△	*Toxicopueraria peduncularis*	不丹、缅甸、中国（云南、四川、浙江、台湾、广东、海南、广西）、印度、巴基斯坦
草葛（三裂叶野葛）△	*Neustanthus phaseoloides*	印度尼西亚、马来西亚、菲律宾、斯里兰卡、所罗门群岛、越南、孟加拉国、尼泊尔、泰国，进一步引入非洲、南美洲和中美洲。偶尔引入，如利比里亚、喀麦隆、尼日利亚、苏里南、缅甸、印度（阿萨姆邦、梅加拉亚邦、锡金、西孟加拉邦）
—△	*Millettia rigens*	泰国
紫花琼豆（小花野葛）△	*Teyleria stricta*	缅甸、中国（云南）、泰国
须弥葛△	*Haymondia wallichii*	孟加拉国、缅甸、中国（云南、西藏）、印度（梅加拉亚邦）、尼泊尔、泰国

注："—"代表没有中文名；"△"代表以前归于葛属，现已移出葛属

二、我国葛资源的产区考证

我国是葛属植物分布最广的国家，西南部、中南部至东南部的山地和丘陵是主要分布地区，其中云南分布的种类最多。葛属植物中葛及其变种的分布最广泛。葛最初主要分布在中国和日本，之后被引种并传播至美国、欧洲、印度、大洋洲等。野葛主要分布在温带地区或者热带高纬度地区（如印度东北部），在我国除新疆、青海和西藏以外的大部分地区都有分布。近年来，安徽、湖北、江西等地已有栽培。《中国植物志》记载粉葛在我国分布于云南、四川、西藏、江西、广西、广东、海南；在国外分布于老挝、泰国、缅甸、不丹、印度、菲律宾。生于山野灌丛或疏林中，或栽培。目前，粉葛的栽培品种较多，部分品种已获得国家地理标志。葛麻姆在我国分布于云南、四川、贵州、湖北、浙江、江西、湖南、福建、广西、广东、海南和台湾；在国外分布于日本、越南、老挝、泰国、菲律宾。生于旷野灌丛中或山地疏林下（李先恩等，2015；龙紫媛等，2022）。

历代本草对野葛的产区也有记载，见表3-2。野葛的产区范围较大，存在产地变迁，例如，在南北朝以前为汶山；南北朝为南康、庐陵；唐宋时期为江西；明清时期为岭南、江西、湖广等地，但主要分布在四川、江西等地。野葛除了青海、西藏、新疆、内蒙古等地未见分布外，全国均有分布，但道地产区尚不明确（龙紫媛等，2022）。

表3-2   不同历史时期本草文献记载的野葛产地

历史时期	出处	产地描述	本草中产地的现今所在省（自治区、直辖市）
东汉	《神农本草经》	一名鸡齐根。生川谷	四川
汉末	《名医别录》	一名鹿藿，一名黄斤。生汶山。五月采根，暴干	四川
	《吴普本草》	葛根，神农甘，生太山	山东
南北朝	《本草经集注》	南康、庐陵间最胜，多肉而少筋，甘美。但为药用之，不及此间尔	江西、江苏
唐代	《新修本草》	南康、庐陵间最胜，多肉而少筋，甘美。但为药用之，不及此间尔	江西、江苏
宋代	《新唐书》	越州会稽郡，中都督府；婺州东阳郡；信州；眉州通义郡；剑州普安郡；龙州应灵郡，中都督府	浙江、江西、四川
	《本草衍义》	澧、鼎之间，冬月取生葛……又将生葛根煮熟者，作果卖。虔、吉州、南安军亦如此卖	湖南、江西
	《本草图经》	葛根，生汶山川谷，今处处有之，江浙尤多	江西、浙江、甘肃、江苏
明代	《本草品汇精要》	生汶山川谷及成州海州今处处有之。道地：江浙南康庐陵	四川、甘肃、江苏、江西、浙江
	《救荒本草》	生汶山川谷，及成州海州浙江，并澧鼎之间，今处处有之	四川、甘肃、江苏、浙江、湖南、江西
	《本草原始》	始生汶山川谷，今处处有之	四川

历史 时期	出处	产地描述	本草中产地的现今所在 省（自治区、直辖市）
清代	《植物名实图考》	今则岭南重之，吴越亦勘，无论燕、豫、江西、湖 广皆产葛……南昌唯西山葛著称，赣州则信丰、 会昌、安远诸处，皆治葛……湖南旧时潭州、永 州皆贡葛，今惟永州有上贡葛。葛生祁阳之白鹤 观、太白岭诸高峰	广东、广西、海南、江苏、 上海、浙江、安徽、河 北、河南、江西、湖南
	《本草乘雅半偈》	出闽、广、江、浙，所在有之。有野生，有家种。 春生苗，引藤延蔓，长二三丈，取治，各以地土 之宜，以别精粗美恶耳	福建、广东、广西、江苏、 浙江
	《本草崇原》	葛处处有之，江浙尤多	江苏、浙江

在中国数字方志库中，地方志中涉及"葛根"的记载多达 242 个（龙紫媛等，2022），其中福建、湖南、山东、江西、广东、湖北、河南、安徽、浙江、江苏和贵州从明代开始就有记载。地方志数量达 15 个以上的省份有福建、湖南、陕西、山东、江西、广东、广西和湖北。通过对历代本草典籍和地方志的梳理发现，除新疆、内蒙古、西藏和青海等少数几个省份外，其他省份均有关于葛根的记载。

第二节　葛　的　起　源

野葛起源于中国，并且作为民族药用植物人为地迁移到日本和韩国（Shurtleff and Aoyagi，1977）。根据 1972 年在江苏省吴县发现的葛布残片，证明早在 6000 多年前中国已经开始使用葛根，周朝时期多用于织布和食用，《神农本草经》中首次将葛根作为中药。日本关于葛根的使用最早是公元 600 年，由中国传入。公元 1200 年，在日本中部和南部地区，人们将葛根淀粉提取物作为食品和药物材料。马来西亚将葛根作为解酒剂、发汗剂和解热剂。菲律宾和越南则主要食用葛根。泰葛据传是由缅甸传入，但尚无可靠资料记载。此后，葛根才逐步引进到西方国家。

1876 年在费城百年博览会上野葛首次被带到美国，当时它被种植在一个日本馆的外面（Miller and Edwards，1983；Everest et al.，1999；Forseth and Innis，2004），后来常被作为观赏植物种植（Miles and Gross，1939；Edmisten and Perkins，1967；Blaustein，2001）。20 世纪初期至中期，美国政府种植了数百万棵野葛幼苗，以稳定山坡、河流、河岸和铁路切口。因为野葛具有可增加土壤 N 含量和可作为饲料等的优势，因此农民将其作为一种覆盖作物。直到 20 世纪 50 年代，美国才意识到葛的种植会导致美国生物多样性降低。如今在美国，葛是一种入侵物种（Bailey，1939；Stewart，1997）。有两个主要方面促成了它在美国东部的传播。其一是 20

世纪上半叶，由政府资助在美国东南部开展大规模的葛种植。1876 年葛被引进美国后，葛的种子随处可见，甚至通过邮购目录也能买到（Tabor，1942；McKee and Stephens，1943；Bailey，1944；Nixon，1948）。20 世纪初，由于葛叶片蛋白质含量与苜蓿等优质豆科牧草蛋白质含量一样高，葛被推广为牛饲料。在三四十年代，为了控制土壤侵蚀，美国联邦土壤保护委员会推荐葛作为一种控制陡峭、侵蚀的植物（Bailey，1939；McKee and Stephens，1943；Dalal and Patnaik，1963；Hipps，1994），并向南方土地所有者提供了超过 8500 万棵的葛幼苗。葛被视为家养牲畜的理想饲料，同时可加工或用于制作成干草作物、淀粉、纸和布制品，促进了葛在农村和城市的大规模种植。其二是 20 世纪上半叶美国东南部的社会和农业变化。土壤贫瘠和棉铃象鼻虫的传播，导致棉花种植失败，再加上大量人口从农村迁移到城市，导致许多农场转变为次生林。由于几十年不受控制、不受监测，葛数量迅速增加，使葛主导了森林的再生和边缘栖息地（Blackwell，1975；Stevens，1976；Kato-Noguchi，2023）。到 1953 年，葛的迅速传播迫使美国农业部将葛从允许覆盖植物的名单中删除。1970 年，在蒙大拿州葛被正式列为杂草。1997 年，美国国会将葛列为联邦有毒杂草。

第三节　葛属植物的演化

一、形态性状演化

传统的分类学主要依据葛属植物的关键形态特征进行属间或属内种间的界定，其中，每节花的数目、托叶性状、荚果和种子的性状、有无刀豆氨酸、旗瓣基部有无胼胝体等是鉴定葛属组系、物种的关键性状（Lackey，1977a；van der Maesen，1985）。

托叶基部着生是区分詹姆斯·安德鲁·莱基界定的葛属 A 组物种与其他组物种的关键性状（Lackey，1977b）。托叶基部着生或盾状着生是区分狭义葛属与广义葛属谱系的关键性状。尽管广义葛属的祖先状态是托叶基部着生，但盾状托叶或托叶背部着生这一衍生性状出现了两次：分别在狭义葛属和土黄芪属（*Nogra* Merr.）祖先中出现，以及由四棱豆属（*Psophocarpus* Neck. ex DC.）、耳翼豆属（*Otoptera* DC.）和刺桐属（*Erythrina* L.）构成的单系中出现，但刺桐属某些物种中缺失该性状。狭义葛属的物种都具有托叶基部着生的特点。托叶的性状演化趋势在广义葛属甚至豆科植物类群中仍然模糊，可能是由于现有研究缺乏代表性物种取样造成的（Egan et al.，2016）。

每节着生花的数目是划分葛属组系的关键形态性状之一（Lackey，1977b；van der Maesen，1985）。例如，Lackey（1977b）界定的葛属 A 组物种和 van der Maesen

（1985）界定的葛组物种都因每节具有 2 或 3 朵花而与葛属其他物种区分。分子系统学结果也表明狭义葛属物种每节具有 2 或 3 朵花，可以与广义葛属的其他分支区分（Egan et al.，2016）。因此，每节着生花的数目可用于区分广义葛属部分分支物种的亲缘关系。

二、显微结构演化

葛属植物的花粉多为球形或近球形、长球形，且具有豆科植物原始的特征，即三孔沟，单粒，多为网状雕纹，外壁内侧增厚，而外壁外层减少，从而基本失去连续的基层。花粉通常从穿孔的覆盖层演化到网状的覆盖层。野葛的覆盖层纹饰为原始的穿孔状，根据纹饰可以推测野葛与葛麻姆、密花葛的亲缘关系较近；粉葛和食用葛是细网纹；云南葛藤、三裂叶野葛和黄毛萼葛是粗网纹。同时结合野葛与葛麻姆、峨眉葛的花粉较小，并且极轴长度与赤道轴长度比值相近和纹饰相似等特点推测三者的亲缘关系较近，而粉葛可为独立种（付桂香等，1996）。

葛根野生品种和栽培品种的显微结构差异主要是野生葛根的横切面晶鞘微束较多，且多层切向排列细胞内的棕色块状物分泌道群较多，木质部导管排列相对密集；显微镜下野生葛根粉末的淀粉粒较少，而栽培葛根粉末的淀粉粒较多（格小光等，2010）。

三、细胞学性状演化

大豆亚族植物的染色体基数一般为 10 或 11。最早的细胞染色体计数显示葛为 $2n=22$，三裂叶野葛为 $2n=24$（Darlington and Janaki，1946；Darlington and Wylie，1956），根据该属已有报道的染色体计数，葛属染色体基数可能是 $n=11$（Goldblatt，1981），或者 $n=10$、$n=12$（表 3-3）。

表 3-3 葛属物种的染色体

物种名	染色体组	染色体数	文献来源
葛	24	12	Suzuka，1950；Sakai，1951
葛	22、24	11、12	Darlington and Wylie，1956
葛	22	11	Hardas and Joshi，1954；Simmonds，1954
葛	20	10	Ramanathan，1950；Löve，1979
葛	40	20	Veatch，1934；Sakai，1951；van Thuan，1975
葛	22、44	11、22	Pritchard and Gould，1964
葛	22	11	van Thuan，1975；吴德邻等，1994

续表

物种名	染色体组	染色体数	文献来源
葛	22	11	Simmonds，1954；Kodama，1977；Kumar and Hymowitz，1989；Kodama，1989；吴德邻等，1994；Baranec and Murin，2003；Probatova et al.，2006
粉葛	22	11	吴德邻等，1994
葛麻姆	22	11	吴德邻等，1994
苦葛	22	11	吴德邻等，1994；Malla，1977
三裂叶野葛	22、24	11、12	Berger et al.，1958
三裂叶野葛	20	10	Tixier，1965
三裂叶野葛	22、24	11、12	Darlington and Wylie，1956
三裂叶野葛	20	10	Tixier，1965
三裂叶野葛	22	11	Larsen，1971；van Thuan，1975；Kumar and Hymowitz，1989
三裂叶野葛	24	12	Gill and Husaini，1986
三裂叶野葛	32	16	Frahm-Leliveld，1953
三裂叶野葛	22	11	van Thuan，1975
三裂叶野葛	22	11	Frahm-Leliveld，1953；Hardas and Joshi，1954；van Thuan，1975
三裂叶野葛	24	12	Frahm-Leliveld，1953
块茎葛	22	11	Bir and Sidhu，1966，1967；Bir and Kumari，1977；Kumari，1990
紫花琼豆（小花野葛）	20、22、44	10、11、22	Larsen，1971
紫花琼豆（小花野葛）	32	16	Gurzenkov，1973
紫花琼豆（小花野葛）	40	20	Larsen，1971
紫花琼豆（小花野葛）	44	22	van der Maesen，1985

　　大豆亚族植物没有明显的解剖特征，葛属植物基本都有侧脉叶肉细胞，但是苦葛和须弥葛缺少这个特征（Lackey，1977b）。这证实了形态学材料所暗示的这两个类群不仅仅在归属的处理上存在错误，甚至在归亚族、归族的处理上也存在错误。

四、化学成分演化

　　利用聚丙烯酰胺凝胶电泳检测葛、苦葛和三裂叶野葛的种子蛋白质。其中，苦葛的条带明显区别于另外两个物种，而且与三裂叶野葛相比，苦葛与豆科植物的相似性指数（similarity index）更大。葛与长序大豆相比相似性指数更大。葛属植物的其他化学数据同样不充分，例如，《印度药典》（*Pharmacographia Indica*）

中记载块茎葛含有菊粉相关的糖精物质、易氧化的树脂和树脂酸，且在部分块茎葛样品的块根中有某种鱼毒。苦葛的根茎中也含有鱼毒或者杀虫的毒性成分。

　　葛属植物主要含有异黄酮类、黄酮类、萜类、甾体类、葛酚苷类、苯并吡喃类和淀粉类化合物（Wang et al.，2020a；朱卫丰等，2021）。其中，异黄酮类为葛属植物的主要活性成分，其基本母核均为3-苯基色原酮，说明在葛属植物中异黄酮类成分的生物合成途径可能存在相互转化的关系（Wang et al.，2020a）。葛属植物中的萜类主要是五环三萜类及少量半萜类，但泰葛中暂时未分离得到；葛酚苷类成分在葛属植物中主要存在于野葛和食用葛中；苯并吡喃类包括葛雌素（miroestrol）、异葛雌素（iso-miroestrol）和脱氧葛雌素（deoxymiroestrol）等具有雌激素样作用的化学成分，目前只在泰葛中发现。

　　刀豆氨酸最早在直生刀豆[*Canavalia ensiformis* (L.) DC.]种子中发现（Kitagawa and Tomiyama，1929），且在豆科植物中普遍存在（Birdsong et al.，1960；Lackey，1977a，1977b；Bell et al.，1978；Bell，1981；Evans et al.，1985）。刀豆氨酸是大多数大豆亚族的类群所缺失的。根据刀豆氨酸的有无可以对广义葛属进行分组，具有刀豆氨酸的紫花琼豆和须弥葛应该被移出葛属（Lackey，1977a，1977b）。基于叶绿体基因组 *matK* 的分子系统学研究结果表明，刀豆氨酸是祖先性状，在核心菜豆族的基部分支中却有丢失，但在一个由琼豆属、爪哇大豆属、毛蔓豆属、豆薯属和葛扁豆属组成的分支的祖先中重新出现，然后在葛扁豆属谱系部分物种中再次缺失。

第四章 葛种质资源的考察、收集和保存

第一节 葛种质资源的考察和收集

一、葛种质资源的考察

（一）葛种质资源考察的目的和意义

1. 摸清葛种质资源的分布与种类及其利用

葛作为一种重要的药用和食用植物，其种质资源的分布、种类和利用情况对于农业发展和生物多样性保护具有重要意义。考察葛种质资源，可以详细了解葛种质资源在不同地区的分布状况，识别和分类各种葛种质资源，评估其遗传多样性。这不仅有助于保护和合理利用这些宝贵的生物资源，而且对于开发新的葛种质资源，提高葛的药用价值和经济价值具有指导作用。此外，了解葛种质资源的利用情况，包括传统用途和现代研究进展，可以为葛种质资源的进一步开发和应用提供科学依据（尚小红等，2020；胡小荣等，2021）。

2. 加强葛种质资源的保护与创新

葛种质资源的保护与创新是确保葛种质资源长期价值和潜力的关键。考察工作可以帮助我们识别那些面临灭绝风险的葛种质资源，制定相应的保护措施，如建立种质资源库、实施就地保护和迁地保护等。同时，通过现代生物技术，如基因编辑和分子标记辅助选择，可以对葛进行遗传改良，培育出具有更高药用价值、更强抗逆性和更好适应性的新品种。这不仅有助于保护葛的遗传多样性，而且可以推动葛研究和应用的创新，为医药、食品和农业等领域带来新的机遇。

3. 促进葛产业的可持续发展

葛产业的可持续发展是考察葛种质资源的另一重要目的。系统的资源考察可以识别出具有高经济潜力和生态适应性的葛种质资源，为葛的种植、加工和市场推广提供科学依据。同时，对葛种质资源的合理开发和利用，可以促进当地农业经济的发展，增加农民收入，提高农村地区的生活水平。此外，科学的种植管理和品种改良可以提高葛的产量和品质，减少对环境的负面影响，实现葛产业的绿色发展。

（二）葛种质资源考察前的准备工作

1. 制定考察方案

制定考察方案，包括考察任务、考察组织及队员、考察队员责任分工、考察路线、考察前技术培训、考察日程安排、考察资金预算以及物资准备等。

2. 考察地点及路线的确定

实地考察前，向当地相关农业部门、农户了解，并结合查阅的相关资料，获得当地作物种类、种植时间、种植面积、种植方式、主要病虫害等农业生产概况，葛种质资源分布情况、当地的地形、主要植被、土壤土质、降水量、海拔等自然条件方面的信息，当地民族结构、社会习俗、生活习惯、信仰、历史变迁等人文情况。从而进一步确定考察地点及路线。

3. 物资的准备

仪器设备类。①电子设备类：笔记本电脑、GPS 仪、录音笔、数码相机、摄像机、移动硬盘、指北针等；②工具类：铲、锄头、枝剪、刀、标签、资源采集箱、收纳箱、塑料袋、背景布、插座等；③文具类：中性笔、记号笔、卷尺、记事本、垫板、铅笔、橡皮、档案袋、胶带、电池、计算器、记账本等。

生活用品类。①常规生活用品类：手电筒、雨衣、雨鞋、草帽、手套、防晒衣等；②野外医药类：意外摔伤、擦伤等治疗药物，防蚊虫叮咬类药物，高温中暑、感冒等一般性疾病的治疗药物等。

交通工具，如越野车等。

（三）葛种质资源考察的内容和方法

葛种质资源考察的主要内容有原生长环境、资源种类、资源分布及生产利用情况。

1. 原生长环境的考察

1）地理位置的考察

记录考察地点所在的行政区域、经度和纬度。

2）地形、地势的考察

地形、地势变化对植被、土壤、水分和气象等因素有一定的影响。通过实地考察，记录平原、高原、山地、丘陵地、盆地、山谷等地形、地势；并用 GPS 设备测定海拔。

3）土壤考察

土壤考察的主要内容包括土壤类型（砖红壤、赤红壤、红壤、黄壤、黄棕壤、棕壤、暗棕壤、寒棕壤、褐土、黑钙土、栗钙土、棕钙土、黑垆土、荒漠土、草甸土和漠土）和土壤理化性质（土壤酸碱度、土壤紧密度、孔隙度、土壤黏性、土壤含水量等）。

4）气象考察

气象考察主要包括气温（年平均气温、年有效积温、年平均无霜期等）、相对湿度（年平均相对湿度、最高月相对湿度、最低月相对湿度等）、日照（年平均日照时数、光照强度等）、降水量（年平均降水量、最大降水量、最小降水量等）、风（风的种类、风力、风向、常规发生时间等）。

5）植被考察

人工栽培情况下的植被考察：考察葛栽培的前茬作物、后茬作物、伴生作物、套种作物或周边种植的作物种类等。

野生或自然生长情况下的植被考察：记录优势植物种类、各种类所占的比例等，记录优势植物的覆盖度及生长情况等。

2. 葛种质资源概况、种类、分布及生产利用情况的考察

1）葛种质资源概况的考察

考察葛种质资源品种的来源、种植历史、种植的范围、种植的面积、种植的原因；考察种植时间、栽培模式、种植方法、田间管理方法、开花、结实、产量、贮藏方式；考察销售区域、销售量、销售价格，商业、农业部门对葛购销的具体措施和政策；考察葛的加工方法、加工产品及销售情况等；考察当地对葛品种、种植技术及加工方面的需求。

2）葛种质资源种类、分布及生产利用情况的考察

记录葛种质资源野生与栽培的种类（包括变种）和品种，葛种质资源的表型性状、分布位置、主要用途、资源突出特点及潜在的利用价值等。

（1）记录的内容

a. 种质原生境信息

地理位置，包括考察地点的名称、经度、纬度；地形地势，包括平原、山地、丘陵等及海拔；土壤，包括土壤类型、土壤理化性质等；气象条件，包括年平均气温、月平均气温、无霜期、年平均降雨量等；植被，包括伴生作物、套种作物或周边种植的作物种类等。

b. 资源的信息

种质类别：野生品种、育成品种、地方品种或引进品种等。种质来源：前人留下、换种、市场购买等。种质名称：物种拉丁名、原名、学名、俗名等。种质编号：考察时的样品编号。利用价值：自家食用、出售、饲料用、药用、观赏等。资源特征特性：生长习性、育苗期、移栽期、收获期、生育期、薯形、叶形、是否开花、花期、是否结果、繁殖方式、抗性、平均亩[①]产、最高亩产、株高、留种方法、贮藏方法等。

c. 其他信息

考察者姓名及联系方式；样品提供者姓名、性别、民族、年龄、文化程度、家庭人口及联系方式；特征性状照片，资源影像。

（2）样本的采集

a. 采集地点的选择

栽培品种的种植区和野生近缘种的自然生长环境。

b. 采集的部位及方法

栽培品种种子采集：地方品种为随机取样加偏差取样，选育品种为随机取样；营养体采集：随机取样，从不同植株采集繁育器官（藤蔓）。

野生近缘种：按居群取样，一个居群采集的样本为一份种质资源。单株取样株间距离 10m 以上。

c. 采样的数量

栽培品种：种子采集 2500～5000 粒（50～100g）。营养体采集具有发芽生根能力的藤蔓 8～10 段或已萌发新芽萌发幼根的藤蔓 8～10 段或幼苗 8～10 株。

野生近缘种：根据居群大小，从 30～100 株上采集种子，每株取种子 10 粒以上；或从 5～10 株上取样，每株上采集 2 或 3 个具有发芽生根能力的藤蔓。在不破坏资源的前提下，多取一些为好。

（3）标本的采集

在考察中，以采集样本为主，采集标本为辅。一般的品种不采集标本，仅珍稀种质资源采集标本。

a. 采集的部位及方法

采集的标本一定要有代表性，特别要包含植物分类特征。全株标本要具有根、茎、叶、花、果实。特征部分的标本需要有花、果实、部分茎（枝）和叶。

b. 采集数量

根据鉴定的需要，一般每份资源采集 3 个左右标本。

---

① 1 亩≈666.67m²，后同。

（4）样本的保管和标本的制作

a. 样本的保管

种子：要及时晾晒。

营养体：采集的藤蔓摘除叶子和嫩枝，两端烫蜡封口，放入尼龙袋（塑料袋）内保湿并防霉变，并尽快送到指定的单位。保湿用品为毛巾、半脱脂棉等。

幼苗：连根挖起，根部放在装有原生土壤的塑料袋内，并加水保湿。

b. 标本的类型

标本有两种类型，一种是腊叶标本，另一种是浸渍标本。

（5）样（标）本的标签和标号

每一份样（标）本必须挂上一个标签，在标签上写上采集号、种质资源名称、采集地点、采集时间、采集者等，以免混杂。

（6）采集点、样（标）本拍照和录像

a. 采集点全景照片

显示采集点的生境、伴生植物等。

b. 样（标）本照片

拍照或录像可显示样（标）本的真实形态和颜色。若采集的样（标）本只是植株的一部分，则照片可以显示全株特征。

c. 照片或录像记录

每张照片或每个录像都要记录该种质资源的采集号、摄影时间、摄影地点、画面内容和拍摄人。

3. 考察数据、信息和图像的整理

每次考察结束后，由各考察队负责人组织本考察队的人员，立即对本考察队本次考察的数据、信息、图像的原始记录进行整理与汇总。该部分工作也可以在每天考察结束后进行，然后在全部考察结束后进行整理汇总。

1）考察表的填写

完成各种考察表对应电子版考察表的填写。并对照录音、录像、照片、现场笔录和各个队员的记录等资料，对原始资料进行核对，以保证信息资料的完整和准确。

2）汇总目录表的整理

整理汇总调查过程中资源的信息记录，汇总成资源目录表。

3）考察资源照片的整理

每份资源的电子照片导入电脑，按照采集编号和资源名称进行重新命名，如果一个采集编号和资源名称对应多个照片，则用–1、–2、–3……加以区分。同一

份资源的所有照片放在同一个文件夹中。

4）考察资源图文组合

对于每份考察收集的资源，在整理完考察表和照片之后，需要将资源名称、采集号、利用方式、特征特性等基本信息和照片进行组合，使之能够清晰明了地展示这份资源的基本情况，以便初步判断其利用价值。

考察结束后，要对考察工作进行全面总结，提炼亮点，撰写考察报告。考察报告应尽量详细，并总结考察的经验与教训。

二、葛种质资源的收集

许多国家成立专业机构，组织专业队伍，系统收集种质资源，为植物遗传育种和生产应用积累种质基础。在 19 世纪末至 20 世纪 70 年代，为奠定美国种植业的基础，美国农业部从世界各地引进大量种质资源。我国从 20 世纪 50 年代后期开始对种质资源进行收集，并在多地建立了自然保护区，部分地区建立了农业生物资源调查数据库（韩振海，2009；宋希强，2012；刘旭等，2013）。我国在国内曾进行 3 次大规模的种质资源收集工作，第一次是 20 世纪 50 年代中期，第二次是 20 世纪 70 年代末至 80 年代初，第三次是 2015～2020 年，共征集到种质资源 40 多万份，位居世界第二（严华兵等，2020）。

（一）葛种质资源收集的原则

1. 目的的明确性

根据收集的目的和要求以及现存资源与条件，明确收集的种类和数量，有针对性地收集种质资源，避免盲目性收集；并通过考察调研，有计划、有序进行。

2. 收集的全面性

收集的种质资源以地方品种和野生近缘种为主，多年种植育成品种为辅。地方品种和野生近缘种通常群体类型较多，注意做到不遗漏。自然变异、特异性明显、利用价值尚不明确、濒危稀有的葛种质均全部收集。收集范围由近及远。

3. 标本的完整性与代表性

收集的标本要求完整，种子或无性繁殖材料应来自群体植株，尽可能充分表现其遗传变异度。

4. 采集部位有活力、无疫性

葛种质资源收集时，无论是藤蔓、幼苗还是种子，均要保证具有正常活力，且要注意检疫。

（二）葛种质资源收集的方法

为了使收集的葛种质资源能够更好地得到研究和利用，收集时需了解其来源、产地的自然条件、栽培条件、抗逆性及经济特性（卢新雄等，2020；尚小红等，2020）。

1. 前期准备工作

首先，确定收集的地点，再根据此地点的气候及栽培特点，确定适宜葛资源收集的时间；其次，通过查阅考察的信息，确定收集方案、收集路线；再次，准备葛种质资源收集记录表、野外收集设备、工具；最后，根据任务内容及专业性，组建收集队伍。

2. 当地葛种质资源的收集

选择一位当地有经验的农业科技工作者或农户作为向导，在他的指引下，实地走访，了解葛种质资源的类型、品种、分布、栽培方式、产地气候及生态条件。当地栽培种植的优良品种或品系一般具有一定的优点（产量高或抗性好），采集已育好的幼苗或成熟种子或成熟藤蔓做样本。

3. 野生葛种质资源的收集

野生资源一般具有某些特定性状，特别是经济性状和抗性，应尽量收集地理分布、生态分布比较广泛的野生群体，尤其是在恶劣的气候条件下依然生存的植株。采集成熟且有活力的种子、具有活力芽眼的成熟藤蔓或芽点萌发新芽且节点萌发幼根的藤蔓做样本。

第二节　葛种质资源的保存

一、种质资源的保存方法

（一）原生境保存

原生境保存也称就地保存，是指种质的遗传材料保存在资源所处的自然生态环境中，使之完成自我繁衍后代，达到保护或保存种质资源的目的。原生境保存的优点：①成本较低，保存个体较多；②有利于研究种质资源的起源、演化过程及生态环境等；③原生境保存的资源作为生态系统的一部分保存于自然环境之中，其基因自由组合、交换处于进化之中，遗传变异丰富。原生境保存的缺点：①种质资源原生境一般比较偏僻，不方便取材和调查研究，因此不利于在育种工作中利用不同资源的某些特殊性状；②战争或自然灾害（如火灾、地震或水灾等）等不可预测的因素，可能造成种质资源的流失；③易受人为因素的影响，如外来物种的带入、保护区内非法耕地、过度砍伐、放牧、发展旅游业等因素。

1. 建立自然保护区

自然保护区是指对有代表性的自然生态系统、珍稀濒危野生动植物物种的天然集中分布、有特殊意义的自然遗迹等保护对象所在的陆地、陆地水域或海域，依法划出一定面积予以特殊保护和管理的区域。保护区按照保护的主要对象来划分，可分为野生生物类型保护区、自然生态系统类型保护区和自然遗迹类型保护区 3 类；按照性质来划分，可分为资源管理保护区、禁猎区、科研保护区、国家公园（即风景名胜区）4 类。世界上第一个自然保护区是 1872 年美国建立的黄石国家公园，随后世界各地纷纷效仿，目前全世界的自然保护区和国家公园总数已超过 20 万个。我国的第一个自然保护区是 1956 年在广东建立的鼎湖山自然保护区。根据 2023 年 1 月 19 日发布的《新时代的中国绿色发展》白皮书，截至 2021 年底，我国已建立各级各类自然保护地近万处。这些自然保护地包括了不同类型的保护区域，如国家公园、自然保护区、风景名胜区、森林公园等，它们共同构成了我国的自然保护地体系。

2. 农家保护

农家保护是农民在原有农业生态系统中对已具有多样性的作物种群持续进行种植与管理。主要保存对象是传统作物栽培品种或地方品种，保护的目的为维持农作物的进化过程（卢新雄等，2019）。

3. 庭院保护

庭院保护的保护方式与农家保护相似，但庭院保护受保护范围较小、种类相对较少的限制，主要保存无性繁殖植物。

（二）非原生境保存

非原生境保存也称异地保存，是指种质资源并非保存在原来的生长环境，而是开展有针对性的保护，将种质资源转移到相对适合的环境中集中保存，如以保存完整植株为主的植物园、以保存种子为主的种子库、种质资源圃、超低温库等。早期的非原生境保存方式主要以科研工作者通过收集和引种植物或植物种子完成种质资源的保存，其历史可以追溯到中国古代和地中海国家的私人种苗圃或采药圃。一般情况下，非原生境保存除保存完整植株外，还可通过种子保存、休眠芽保存、花粉保存、DNA 保存等方式保存资源。

与原生境保存相比，非原生境保存的优点：①可以在有限的空间内集中保存较多数量和类型的种质资源，作物对象更侧重栽培种及其野生近缘种；②非原生境保存的大多数种质资源可进行植物学、农艺性状及生理生化特性等性状的鉴定评价，科研工作者可以相对简单获得，可直接为育种和生产提供所需的材料；③非原生境保存方法较为稳定成熟，如通过低温种质库、种质资源圃等可使多数种质资源得到长期保存，并能维持种质资源遗传材料的多样性和稳定性。非原生境保存的缺点：①投资成本高；②有些非原生境保存方法，如离体保存方法、超低温保存方法，不仅需要特殊的设备和受过训练的技术人员，而且是一项非常费时、费力的工作；③由于需要保持种质资源的活力，会长期采用一些技术方法，如扦插、继代等，可能会导致种质发生性状退化、形态变异或遗传变异。

1. 种子保存

种子保存是指在适宜条件下，将种子作为保存对象进行种质材料保存的方法。根据种子的生理特点，种子可分为正常型种子、中间型种子和顽拗型种子。正常型种子具有耐脱水性强的特性，可在非常低的含水量下长期贮藏而不丧失活力。正常型种子适合干燥低温的环境，种子含水量和贮藏温度越低越有利于延长种子寿命。大部分牧草、农作物（如水稻、小麦、玉米等）种子属于这一类型。中间型种子耐脱水性不及正常型种子，仅具有一定的耐脱水能力，在低温条件下可存活一段时间。顽拗型种子脱离母株时含水量相对较高（20%～60%），采收后不久便自动进入萌发状态，不经过成熟脱水期，且对脱水及低温高度敏感。一旦脱水（即使含水量仍很高），顽拗型种子的活力会迅速丧失；温度过高或过低也会严重影响顽拗型种子萌发率，因此顽拗型种子不耐贮存，寿命很短。顽拗型种子主要包括一些热带植物的种子、水生植物的种子以及小部分温带植物的种子（杨期和等，2006；田新民等，2014）。

种子保存的方法有干燥器贮存、自然库贮存、低温贮存、超低温贮存、超干贮存等。干燥器贮存是将种子晒干后放入装有硅胶、生石灰或氯化钙等干燥剂的干燥器内密封保存，并定期更换干燥剂；自然库贮存是将干燥的种子存放在简易的自然库（如我国青海和西藏的自然种质库）中贮存；低温贮存或超低温贮存是种子保存的主要方式，是将种子存放在−18℃的贮藏冷库中贮存，多数作物种子寿命可延长至20年以上；超干贮存是将种子干燥至含水量2%～5%，并于室温下贮存，主要用于油脂类种子的贮存（卢新雄等，2019）。由于顽拗型种子不耐脱水，因此只有通过降低种子贮藏过程中的温度及种子含水量，以降低种子贮藏过程中的代谢强度，同时添加杀菌剂，以达到短期贮藏的目的。顽拗型种子的长期保存则需要采用超低温保存方法，在保存的形式上，一般选择生理成熟期的胚，材料越新鲜效果越理想。另外，为了提高顽拗型种子保存成活率，可添加冷冻保护剂（如二甲基亚砜、乙二醇、丙二醇、葡聚糖等），以防止冷冻和脱水过程中种子结构被破坏（田新民等，2014）。

2. 植株保存

1）植物园

植物园是通过人工模拟自然环境和群落结构，实现物种多样性高度富集并进行相关科学研究的机构，也是生物多样性保育、科普教育、资源储存和开发利用的基地。植物园的概念起源于公元前 2800 年我国的"神农本草园"，截至 2022 年，世界上已有 2112 个植物园（国际植物园协会，IABG，http://iabg.scbg.cas.cn/）。近些年，我国在植物迁地保护方面开展了大量工作，这已成为国家植物资源本底和生物多样性战略储备的重要组成部分。德保苏铁是通过迁地保护重返自然的典型案例。大岭山森林公园、从化种植基地和中国科学院华南植物园三家联合建立了伯乐树引种栽培和迁地保育基地，至 2022 年，数千株伯乐树实现野外归群（楚雅南和邓振海，2022；黄宏文和廖景平，2022）。

分类上，按植物园的性质，植物园可分为综合性植物园和专业性植物园。综合性植物园具有植物保护和基础研究、提高休闲游览服务、科普教育、经济植物开发利用、技术推广等五大功能。综合性植物园有中国科学院武汉植物园、中国科学院西双版纳热带植物园、上海辰山植物园、杭州植物园等。专业性植物园指根据一定学科、专业内容布置的植物标本园、树木园、药用植物园等，如广西壮族自治区药用植物园。

2）种质资源圃

种质资源圃指在植株正常生长状态下保存植物种质资源的基地。种质资源圃保存的作物主要包括无性繁殖作物、顽拗型种子作物和多年生野生近缘作物。种质资源圃是多年生植物的主要保护方式，全世界 8.7% 的植物种质资源是以种质资源圃的形式保存。我国种质资源圃的建设从 20 世纪 80 年代开始，首批建立了 15 个果树类的国家级种质资源圃，之后又陆续建立了野生稻、花生、甘薯、木薯、葡萄等种质资源圃，截至 2021 年共建成 43 个国家级种质资源圃，包括果树种质资源圃 21 个，野生稻种质资源圃 2 个，小麦野生近缘植物资源圃 1 个，水生及多年生蔬菜资源圃 2 个，野生棉资源圃 1 个，野生花生资源圃 1 个，茶树资源圃 2 个，桑树资源圃 1 个，甘蔗资源圃 1 个，甘薯、马铃薯、木薯资源圃 4 个，多年生牧草资源圃 2 个，热带作物资源圃 3 个，苎麻资源圃 1 个，红萍资源圃 1 个，基本实现了对我国主要圃存作物种质资源的收集和保存（卢新雄等，2023）。

3. 离体保存

离体保存是将枝条、试管苗、体细胞胚、愈伤组织、单细胞等植物组织培养物贮存在可以抑制其生长或使之无生长的条件下，从而延长种质保存时间的方法。

离体保存的优点：①资源所占空间少，可节省大量的物力和土地；②离体保存的资源便于进行遗传材料交流和利用；③离体保存的材料可在短期内获得大量的繁殖材料；④可避免因自然灾害造成的种质资源丢失。离体保存的缺点：①种质保存的材料需定期转移；②需要专业的人员和设备，易受微生物污染或人为差错影响；③多次继代培养可能会造成遗传性变异及材料分化和再生能力的逐渐丧失。

1）营养体保存

营养体保存是指在一定条件下，有选择地对生物体的营养器官进行保存，以维持其遗传信息及生物活性，如低温保湿贮存休眠期果树枝条。

2）试管苗保存

试管苗保存也称分生组织保存，主要应用于无性繁殖的大部分果树、薯类、葱蒜类蔬菜、部分水生蔬菜和多年生蔬菜、球根花卉和茶等种质资源。试管苗保存分为常温保存、缓慢生长保存、超低温保存。常温保存是指在正常培养条件下，对种质材料通过不断继代的方式进行保存的方法；缓慢生长保存是指调节培养条件，如通过增加生长抑制剂、降低培养环境的氧气含量、降低培养温度、提高培养基渗透压等方法抑制保存材料的生长和减少营养消耗来延长继代时间、减少操作和劳力的保存方法；超低温保存是指在-80℃以下的超低温中使保存的种质材料的物质代谢和生长活动几乎完全停止，而细胞活力和形态发生的潜能仍然保存的一整套生物学技术。

3）花粉保存

花粉保存是指在适宜条件下，以植物花粉作为保存植物种质的材料来加以保存的方法。花粉包含物种的所有基因类型，具有丰富的遗传多样性，是种质保存和交换的重要材料。但花粉贮存年限很短，需要进行一些特殊处理，如室温干燥保存、低压保存、有机溶剂保存、低温保存等。

二、葛种质资源的保存方法

1. 原生境保存

葛种质资源原生境保存的主要形式是自然保护区和农家保护。我国广西、广东、江西、湖南、湖北、云南、四川、江苏、安徽等地的保护区分布着丰富的野生葛种质资源，各地农家保护也保存着不同的地方资源，如广西的'藤县粉葛'；广东的'火山粉葛''活道粉葛''庙南粉葛''竹山粉葛'等。

2. 资源圃

1）圃内管理

（1）入圃管理

收集的葛资源经观测性状、核实名称，确无重复材料且不带检疫性有害生物方可入圃保存。入圃保存的种质资源需要进行信息采录（表 4-1）。绘制种质资源在田间分布的示意图，标注每份资源在资源圃内的具体位置。

表 4-1　葛种质资源信息采集表

1. 基本信息			
样本编号		日期	
采集者姓名		联系方式	
样品名称		采集样品类型	1. 枝条　2. 小苗
种质类型			
采集地点			
样品提供者姓名		联系方式	
2. 地理系统及生态系统			
纬度		经度	
海拔		地形	
地貌		平均气温	
土壤类型		其他	

注：种质类型指野生种、地方品种、选育品种、品系、遗传材料等；采集地点为最小行政区划单位或引种单位

（2）田间管理

a. 扦插繁育

选择粗壮、芽眼饱满的健壮无病葛藤，选取中间部分剪成 8～10cm 的插条，每个插条以带 1 个芽点为宜，上切口离芽点 2～3cm 平切，下切口斜切 30°～45°。将剪好的葛藤接穗扎成小捆并同时做好标记。将插条基部 2～3cm 浸入 50%多菌灵 1000 倍液 0.5h,然后浸泡生根粉溶液（20%萘乙酸或 30%吲哚乙酸 1g 兑水 5kg）25～30min。扦插时，垂直插入基质中。

b. 补苗

每份种质资源须保存 5～10 株，若发现死苗应及时补栽。

c. 留蔓、引蔓

苗长至 20～30cm 高时，每株选留 1 或 2 根主蔓，去除侧蔓。在主蔓旁插一根 1.8～2.2m 长的竹竿或木杆，并引蔓向竹竿或木杆攀缘。

d. 整蔓、打顶

当主蔓长 2.0～3.0m 时，进行主蔓打顶，抹除侧蔓上萌发的嫩蔓，去除主蔓

1m 以下的老叶。

e. 施肥

苗上架后，根据苗的生长、土壤肥力等进行追肥，可考虑每亩施复合肥 20kg+麸肥 20kg。

f. 水分管理

全期保持土壤湿润，雨后及时排除渍水，秋冬季注意防旱。

g. 病虫害、草害等的防治

葛种质资源常见病害有拟锈病、枯萎病、根腐病、炭疽病等，虫害主要有金龟甲、叶螨、蟓象、地老虎、斜纹夜蛾等。根据圃内病虫发生情况，及时采用物理防治（每 2～3hm² 设置 2～3 盏频振式诱虫灯）或化学防治（表 4-2）。

表 4-2 葛种质资源主要病虫害化学防治方法

防治对象	推荐药剂	使用浓度	使用方法
拟锈病	70%代森锰锌可湿性粉剂	1000 倍液	发病初期每隔 7～10d 喷施 1 次，交替使用药剂，连续施药 2 或 3 次
	20%腈菌唑可湿性粉剂	1000 倍液	
枯萎病	2.5%咯菌腈可湿性粉剂	2000 倍液	发病初期，间隔 7～10d 灌根 1 次，连续施药 2 或 3 次
根腐病	99%噁霉灵可湿性粉剂	3000 倍液	发病初期灌根或喷雾，间隔 7～10d，连续施药 2 或 3 次
炭疽病	70%甲基硫菌灵可湿性粉剂	800～1000 倍液	发病初期喷雾，间隔 7～10d，交替使用药剂，施药 2 或 3 次
	80%代森锰锌可湿性粉剂	500～800 倍液	
金龟甲	螺螨酯＋5%高效氯氟氰菊酯水乳剂	1000 倍液	虫害发生前或发生初期喷雾，间隔 7～10d，交替使用药剂，施药 2 或 3 次
	10%吡虫啉可湿性粉剂	1500 倍液	
叶螨	螺螨酯＋5%高效氯氟氰菊酯水乳剂	1000 倍液	虫害发生前或发生初期喷雾，间隔 7～10d，施药 2 或 3 次
蟓象	螺螨酯＋5%高效氯氟氰菊酯水乳剂	1000 倍液	虫害发生前或发生初期喷雾，间隔 7～10d，施药 2 或 3 次
地老虎	2.5%高效氯氟氰菊酯水乳剂	1000 倍液	虫害发生前或发生初期沟施或穴施，间隔 7～10d，施药 2 或 3 次
斜纹夜蛾	5%甲氨基阿维菌素苯甲酸盐乳油	3000～5000 倍液	虫害发生前或发生初期喷雾，间隔 7～10d，交替使用药剂，施药 2 或 3 次
	10%虫螨腈悬浮剂	1000 倍液	

2）开展资源鉴定评价

对收集的葛资源从植物学特性（如植株、根、茎、叶、花、种子等主要形态特征）、生物学习性（如生育期、物候期、生长结果习性等）、品质特性（如营养、风味、贮藏、加工等品质）、农艺性状（如产量、抗病虫性、抗逆性等）开展鉴定评价，具体详见第五章第二节。

3. 种子保存

1）干燥器贮存

将葛的种子收集、鉴定登记后，去除空粒、虫粒等不符合保存标准的种子，在太阳下晒 3～4d（切忌高温暴晒），使其含水量降到 10%以下，放入玻璃干燥器中贮存。

2）低温种子库保存

将葛的种子收集、鉴定登记后，去除空粒、虫粒等不符合保存标准的种子，将剩余的种子进行 X 射线扫描对种子进行二次筛选，进一步去除空粒、虫粒及发育不完整的种子；将筛选出的种子立即放入第一干燥室（15%相对湿度和 15℃），至少 7d 后，将种子转移到更干燥的干燥室（11%相对湿度和 18℃），干燥 30d 左右直至种子和干燥室内的空气湿度达到平衡，测定种子含水量，需达到 4%～7%。将种子打包入库。冷藏密封保存，条件为含水量 5%～6%和温度–20～–18℃。

4. 离体保存

1）常温继代保存

（1）外植体消毒

选取生长健壮、无病虫害植株的幼嫩茎蔓，将茎蔓快速在火焰上方移动去除茸毛，之后刷洗茎蔓表面污垢，用流水冲洗干净。在超净工作台上，用 75%的酒精浸泡处理 20s，0.1%氯化汞浸泡处理 8min，再用无菌水冲洗 4～5 次。

（2）初代培养

在无菌条件下，将茎蔓切成带 1 个腋芽的单芽茎段，将生物学下端垂直插于腋芽诱导培养基——MS 培养基+0.5mg/L 的 6-苄基腺嘌呤+0.5mg/L 的萘乙酸+30.0g/L 的蔗糖+6.0g/L 的琼脂（pH 5.8）中进行培养。培养温度为（24±1）℃，光照条件为 1500～2000lx，光照时间为 12h/d。

（3）继代培养

将初代培养诱导的丛生芽转入继代增殖培养基——MS 培养基+0.02mg/L 的苄基腺嘌呤+0.02mg/L 的萘乙酸+30.0g/L 的蔗糖+6.0g/L 的琼脂（pH 5.8）中进行培养。培养温度为（25±1）℃，光照条件为 1500～2000lx，光照时间为 12h/d。

（4）资源保存

将继代增殖的丛生芽转入 MS 培养基+0.02mg/L 的萘乙酸+30g/L 的糖+6.0g/L 的琼脂（pH 5.8）中，每隔 180d 用相同继代增殖配方进行继代保存。保存温度为（25±1）℃，光照条件为 1500～2000lx，光照时间为 12h/d。

2）低温保存

前期的外植体消毒、初代培养、继代培养均同常温继代保存，将继代增殖的无菌苗切成带 1 个腋芽的单芽茎段转入 MS 培养基+2mg/L 的 6-苄基腺嘌呤+1mg/L 的萘乙酸+5mg/L 的 PP_{333}+30g/L 的糖+6.0g/L 的琼脂（pH 5.8）常温培养条件下培养 2d，再转入 4℃光照培养箱保存（洪森荣等，2007a）。

3）超低温保存

（1）茎尖超低温保存

前期的外植体消毒、初代培养、继代培养均同常温继代保存。将继代增殖 30d 的无菌苗置于 4℃低温下炼苗 5d 后，用无菌刀片在显微镜下切取含 1 或 2 个叶原基（长 1.5~2.5mm）的茎尖，将切取的茎尖置于含 5%二甲基亚砜+5%蔗糖的 MS 培养基上，置于 4℃培养箱预培养 1d，然后用 60%、100%的玻璃化溶液（30%甘油+15%乙二醇+15%二甲基亚砜+13.7%蔗糖）分别在 0℃下过渡 30min 和脱水 30min，最后置于液氮中保存（洪森荣等，2007b）。

（2）茎段超低温保存

前期的外植体消毒、初代培养、继代培养均同常温继代保存。将继代增殖 30d 的无菌苗置于 4℃低温条件下炼苗 5d 后，在无菌条件下切取长 1~1.5cm 带 1 个腋芽的单芽茎段置于含 5%二甲基亚砜+5%蔗糖的 MS 培养基的预培养基中，置于 4℃低温下预培养 1d，然后以 100g/L 的二甲基亚砜+50g/L 的甘露醇+50g/L 的聚乙烯吡咯烷酮作为冰冻保护剂，在-80℃下对带芽茎段处理 1h，最后置于液氮中保存（洪森荣等，2007c）。

第五章　葛种质资源的鉴定评价

第一节　葛种质资源鉴定评价的目的

为了有效利用葛种质资源，在搜集保存后需要对葛种质资源进行鉴定、评价与利用。研究者通过对葛种质资源表型性状进行系统研究和评价，可详细了解葛种质资源的特性，为选育葛优良品种，了解葛遗传多样性、资源分类、生产栽培及更深入的研究提供理论基础。因此，对葛种质资源的鉴定与评价工作是葛种质资源利用的前提与基础，也对葛种质资源收集保存起反馈指导作用，研究者可根据某些特性来选择合适的收集保存对象。

葛种质资源评价内容主要包括：①评价体系的建立，即葛种质资源评价的描述规范与记载方法；②对葛种质资源各个性状的详细鉴定评价与记录。需说明的是，葛种质资源的鉴定评价系统是一个持续发展的系统，会随着研究的不断深入而增加新的鉴定指标，从而进一步完善葛种质资源利用并提出新的要求。

第二节　葛种质资源鉴定评价的描述规范与记载项目

一、表型描述规范的建立

尽管我国开展葛种质资源研究已久，但一直没有系统的鉴定评价标准，缺乏表型描述规范。广西壮族自治区农业科学院经济作物研究所研究人员在第三次全国农作物种质资源普查与收集行动、国家自然科学基金、广西科技重大专项、广西重点研发计划项目、广西科技基地和人才专项、广西自然科学基金等项目的支持下，收集了包括泰国、越南、中国（江西、广东、云南、四川、湖南、安徽、湖北等）的葛种质资源 136 份（部分种质资源收集现场如图 5-1 所示）。同时，参照《第三次全国农作物种质资源普查与收集行动实施方案》中对取样点的要求，研究者对广西全区的 50 个县（市），67 个乡镇共 153 个行政村开展系统调查及抢救，收集广西葛种质资源 283 份，累计共收集葛种质资源 419 份。通过对收集的葛种质资源开展鉴定评价工作，研究者发现收集的葛种质资源在叶片的大小、颜色、形状、裂缺、茸毛、花纹等，开花与否、开花期、开花时长、花的香气、花的大小、花的颜色等，茸毛的软硬、密度、颜色、方向等，块根膨大与否、膨大程度、薯形、薯肉颜色等性状上均存在较大差异（图5-2～图5-4）。通过查阅《中国植物志》等资料，研究者对采集的国内外葛种质资源进行了植物学研究，发现收集的葛种质资源包括野葛、粉葛、葛麻姆、食用葛、苦葛、泰葛、狐尾葛、大花葛、贵州葛等。通过对葛种质资源进行田间性状的系统调查，研究者初步了解了葛的表型指标差异。同时，广西壮族自治区农业科学院经济作物研究所研究人员通过系统广泛地查阅国内外葛种质资源鉴定的相关文献、网页搜索葛根各类图片、查阅《中国植物志》豆科葛属的内容，全面系统地了解了葛种质资源的各类形态特征，最终以各类资料和田间调研为基础，确定了葛种质资源鉴定评价描述规范的具体内容及标准。

图5-1 部分葛种质资源收集现场

图 5-2　部分葛种质资源的叶形

图 5-3　部分葛种质资源的花形

图 5-4　部分葛种质资源的薯肉

通过建立葛种质资源鉴定评价描述规范，研究者能够获得葛种质资源收集、保存和鉴定评价的统一标准，进一步提高葛种质资源的利用效率。

二、描述记载项目

（一）基本情况

1. 编号

葛种质资源编号统一由"GG"+地名拼音首字母+顺序号组成，如广西的第 1 份葛种质资源编号为 GGGX001。种质资源编号具有唯一性。

2. 引种号

葛种质资源引入时赋予的编号。

3. 采集号

葛种质资源在野外采集时赋予的编号，由年份+2 位数省份代码+顺序号组成。省份代码按《中华人民共和国行政区划代码》（GB/T 2260—2007）的规定表示。例如，2018 年在广西采集的第 1 份资源表示为 201845001。

4. 种质名称

种质名称包括葛种质资源的学名、品系名、品种名、原名和别名等。国内种质采用常用的中文名称或外文名称。国外引进种质可采用常用的中文译名，如果没有中文译名，可直接写其外文名。

5. 种质类型

葛种质资源类型包括野生资源、地方品种、选育品种、品系、遗传材料及其他。

6. 主要用途

葛种质资源的主要用途有药用、食用、饲用、纤维用、花茶用。

7. 原产地

葛种质资源原产地的名称，国内资源原产地按 GB/T 2260—2007 的规定执行；国外资源用文字记录原产地的详细信息即可。

8. 采集地

葛种质资源来源地的名称，国内资源采集地按 GB/T 2260—2007 的规定执行；国外资源用文字记录采集地的详细信息即可。实地采集可以记录收集地点的经度、纬度和海拔。

9. 采集信息

采集葛种质资源的单位名称或采集人姓名；采集时间，以"年-月-日"（"YYYY-MM-DD"）的格式表示；资源类型包括植株、种子、种藤、果实等。

10. 系谱

葛种质资源选育品种（系）的亲缘关系。

11. 选育单位或个人

选育葛种质资源品种（系）的单位或个人。单位名称应写全称。

12. 育成年份

葛种质资源品种（系）通过新品种审定或登记的年份。

13. 选育方法

葛种质资源品种（系）的育种方法。

14. 图像

葛种质资源图像格式为.jpg，图像名称由统一编号+"-"+序号+.jpg 组成，如 GGGX001-01.jpg。

15. 观测地点

葛种质资源植物学和农艺性状的观测地点。

（二）植物学特征

1. 茎

1）主茎形状

在收获期，观察主茎横截面形状，分为圆柱形、扁平形、四棱形。

2）主茎断面颜色

在收获期，观察主茎断面的颜色，分为白色、淡黄色、暗褐色、淡红色。

3）主茎茎粗

在收获期，随机挑选生长正常的 10 株植株，用游标卡尺测定距离地面 20cm 左右处的主茎直径，并计算平均值。单位为 cm，精确到 0.1cm。

4）主茎颜色

收获期的主茎颜色分为灰绿色、黄褐色、褐色。

5）主茎节数密度

在收获期，随机挑选生长正常的植株 10 株，计算从地面到 50cm 左右高处的节数，计算平均值，以"节/50cm"表示。

6）茎蔓强度

在植株生长后期，测定茎秆的坚韧程度，分为强、中、弱。

7）嫩茎颜色

在植株生长中期，观察嫩茎的颜色，分为浅绿色、绿色、墨绿色、浅紫色、紫红色。

8）嫩茎茸毛密度

在植株生长中期，观察嫩茎的茸毛密度，分为稀、中、密。

9）嫩茎茸毛颜色

在植株生长中期，观察嫩茎茸毛颜色，分为白色、淡黄色、黄褐色。

10）嫩茎茸毛强度

在植株生长中期，观察嫩茎茸毛强弱，分为粗壮、细弱。

2. 叶

1）托叶形状

在植株生长中期，观察植株三出复叶托叶的形状，以出现最多的情形为准，分为线形、披针形、箭形、卵形。

2）托叶脱落性

在植株生长中期，观察植株三出复叶托叶的脱落性，以出现最多的情形为准，分为脱落、不脱落。

3）顶生小叶形状

在植株生长中期，观察植株顶生小叶的形状，以出现最多的情形为准，分为披针形、卵形、宽卵形、斜卵形、倒卵形、近圆形、菱形、卵菱形。

4）顶生小叶叶长

在植株生长中期，随机选择植株 10 株，每株选取完全展开的顶生小叶 3 片，用直尺测量叶片的长度，计算平均值，单位为 cm，精确到 0.1cm。

5）顶生小叶叶宽

在植株生长中期，随机选择植株 10 株，每株选取完全展开的顶生小叶 3 片，用直尺测量叶片最宽处的宽度，计算平均值，单位为 cm，精确到 0.1cm。

6）叶形比

顶生小叶叶长/叶宽。

7）小叶大小

根据植株生长中期植株中上部发育成熟的顶生小叶的大小，将小叶分为 4 类：小（小叶长度<12cm）、中（12cm≤小叶长度<14cm）、大（14cm≤小叶长度<16cm）、特大（小叶长度≥16cm）。

8）顶生小叶裂缺

在植株生长中期，观察植株顶生小叶的裂缺程度，以出现最多的情形为准，分为无裂缺、浅裂、中裂、深裂。

9）叶柄色

在植株生长中期，观察植株中上部发育成熟复叶的叶柄颜色，以出现最多的情形为准，分为浅绿色、绿色、深绿色、墨绿色。

10）叶柄长

在植株生长中期，随机选择植株 10 株，每株选取完全展开的叶片 3 片，用直尺测量其叶柄长度，计算平均值，单位为 cm，精确到 0.1cm。

11）叶片颜色

在植株生长中期，观察植株顶端第 1 片完全展开的叶片的颜色，分为浅绿色、绿色、深绿色、墨绿色。

12）叶片茸毛密度

在植株生长中期，观察植株中上部发育成熟叶片的茸毛的疏密程度，分为无、稀、中、密。

13）叶片茸毛颜色

在植株生长中期，观察植株中上部发育成熟叶片的茸毛的颜色，分为白色、淡黄色、黄褐色。

14）茸毛直立程度

在植株生长中期，观察植株中上部发育成熟叶片上茸毛的生长状态，分为直立、倾斜、紧贴。

15）叶片花纹

在植株生长中期，观察植株中上部发育成熟叶片上的花纹分布面积，分为无、小、中、大。

16）叶片脱落性

观察植株叶片秋冬季节脱落的情况，分为不脱落、半脱落、全脱落。

3. 花

1）开花时间

植株在定植后开花的时间，分为一年开花、多年开花、不开花。

2）花色

在开花期，观察当日开放花朵的花冠的颜色，分为白色、天蓝色、浅蓝色、淡紫色、紫色、紫红色、淡红色、黄色。

3）花序形状

在开花期，观察花序的形状，分为总状花序、圆锥花序。

4. 果实

1）荚果形状

在结荚期，观察荚果的形状，分为线形、近圆柱形、圆柱形、长椭圆形。

2）荚果茸毛密度

在结荚期，观察荚果茸毛的疏密程度，分为无、稀、中、密。

3）荚果茸毛颜色

在结荚期，观察荚果茸毛的颜色，分为白色、淡黄色、黄褐色。

4）荚果长

荚果成熟时的长度，单位为cm。

5）荚果宽

荚果成熟时的宽度，单位为cm。

6）种子形状

荚果成熟时，观察种子的形状，分为近圆形、长圆形、长椭圆形、卵形、肾形。

7）每荚种子数量

荚果成熟时，单荚种子平均粒数，单位为粒。

8）种子颜色

正常成熟种子种皮的颜色，分为褐色、黑色、红棕色、红色。

5. 块根

1）单株鲜重

在块根收获期，随机挑选10株正常生长的植株，测量单株薯块的质量，计算平均值，分为小（质量<1kg）、中（1kg≤质量<3kg）、大（质量≥3kg）。

2）块根形状

在块根收获期，随机选取10株正常生长植株的块根，观察成熟块根的形状，分为纺锤形、长圆柱形、圆锥形、圆柱形、近圆形、不规则形。

3）块根肉质颜色

在块根收获期，随机选取10株正常生长植株的块根，观察成熟块根肉质的颜色，分为白色、浅黄褐色、红色。

4）品质特性

测定葛根素、大豆苷元、大豆苷、染料木苷、染料木素等黄酮及异黄酮类化合物，淀粉、粗蛋白、粗脂肪、粗纤维等碳水化合物，微量元素、氨基酸、多糖、挥发油等营养成分的含量。

6. 抗病虫性

1）抗病虫性分级

抗病虫性分为高抗（HR）、抗（R）、中抗（MR）、感（S）、高感（HS）5 个级别。

2）病害名称

锈病：豆薯层锈菌（*Phakopsora pachyrhizi* Syd. & P. Syd.）。
拟锈病：葛藤集壶菌[*Synchytrium puerariae* (Henn.) Miyabe]。
根腐病：腐皮镰刀菌[*Fusarium solani* (Mart.) Sacc.]。

3）害虫名称

豆秆黑潜蝇（*Melanagromyza sojae*）。
食叶性害虫。

7. 其他特征特性

1）生化标记

葛种质资源的同工酶标记或其他生化标记的类型和特征特性。

2）指纹图谱与分子标记

葛种质资源指纹图谱和分子标记类型及特征特性。

8. 备注

葛种质资源特殊描述或特殊代码的具体说明。

第三节 葛种质资源表型鉴定评价的研究进展

一、表型鉴定的研究进展

研究者通过对葛进行表型鉴定发现，不同地区、不同来源的葛种质资源在表型上存在广泛的差异。陈定根等（2013）对 8 个二年生粉葛的生长性状，包括节间长、叶长、叶宽、茎长、茎径等指标进行了综合测定，结果表明，'九顶大粉葛'是理想品种之一。王峰（2015）对山西境内 12 个主产地的野葛种质资源进行了调查，根据叶形和叶片大小，把山西野葛划分成小型叶、中型叶和大型叶 3 种类型，叶柄长为 12～20cm，叶柄粗为 0.16～0.23cm，叶平均长度为 6.8～12.7cm，叶平均宽度为 5.1～7.5cm，叶形比为 1.3～1.8，葛种质资源的表型与产地自然环境条件密切相关。谭燕群等（2016）通过对'湘葛 1 号'、'湘葛 2 号'、'湘葛 3 号'、江西野葛、江西粉葛、桃江粉葛、桃江'野葛 1 号'和桃江'野葛 2 号'共 8 个葛种质资源进行饲用价值的鉴定评价发现，8 个葛种质资源在茎蔓长度、茎皮颜色、叶片大小、叶形、叶面皱纹、叶柄颜色等多个性状方面存在明显差异。其中，'湘葛 2 号'与桃江粉葛的茎蔓较长，分别达到 10.47m 和 10.49m；桃江粉葛和江西野葛的叶大，叶长分别达 17.8cm 和 18.3cm，叶宽分别达 8.7cm 和 8.6cm；'湘葛 3 号'、桃江'野葛 1 号'和桃江'野葛 2 号'的茎皮褐色，其他 5 种的茎皮黄褐色；'湘葛 3 号'、桃江'野葛 1 号'和江西粉葛的叶形是近圆形，江西野葛和桃江粉葛的叶形是卵圆形，其他 3 种葛种质资源的叶形是菱形；桃江粉葛和'湘葛 2 号'叶面皱纹较少；江西野葛产量最高。

二、内含物质鉴定的研究进展

淀粉、蛋白质、矿物质、微量元素、多糖、挥发油、黄酮、异黄酮等内含物质是葛的重要成分，研究者对葛种质资源的这些内含物质进行了测定。

毛冬梅（2011）研究表明，粉葛中矿物质元素含量由高到低的顺序为 $K>N>P>Mg>Ca>Fe>Zn$，碳水化合物含量由高到低的顺序为粗纤维>粗蛋白>灰分>粗脂肪。张应等（2013）发现粉葛淀粉和可溶性糖的含量受品种、采收时间和产地等因素的影响，不同的粉葛品种中，淀粉和可溶性糖含量呈现极显著的差异，'苔葛 1 号'淀粉含量最高，达 46.38%，'地金 2 号'可溶性糖含量最高，达 39.75%，且淀粉和可溶性糖含量呈极显著负相关。纪宝玉等（2013）研究表明，葛根中多糖的含量呈现规模性的变化，以每年 8 月或 9 月含量最高，且多年种植后，多糖的含量比前 3 年明显升高。谭燕群等（2016）研究表明，不同来源葛种质资源中内含物质差异较大，桃江粉葛磷的含量较高，'湘葛 2 号'钙和粗纤维含量较高，'湘葛 3 号'粗脂肪和灰分含量较高，桃江'野葛 1 号'粗蛋白含量较高。郑霞等（2017）对来自广西的 8 个粉葛品种开展了产量和品质鉴定，通过测定产量、粗蛋白、淀粉、粗脂肪、粗纤维、干物质的含量等指标，筛选出 3 个适于湖南地区饲用化栽培的葛种质资源。

基于野葛和粉葛的药食同源特性，研究者对两个变种的黄酮类及异黄酮类等功效成分的含量开展了大量的测定研究。肖学凤和高岚（2001）测定了山东、湖北、安徽等产地野葛中的葛根素含量，研究发现山东野葛中葛根素含量最高。周红英等（2007）、Mun S C 和 Mun G S（2015）研究表明，葛根素在野葛藤中的含量较高，二年生野葛藤中葛根素含量可高达 3.46%，且野葛藤中大豆苷含量显著高于块根中大豆苷含量。王春怡等（2008）测定了不同来源粉葛中总黄酮和葛根素的含量，结果表明，不同来源的粉葛中总黄酮和葛根素含量变化较大，总黄酮含量为 0.53%～1.03%，葛根素含量为 0.21%～0.49%。杨雪芳等（2013）对采自美国的 8 个野葛的异黄酮类化合物进行了测定，结果显示，叶片和块根中葛根素含量分别为 0.095mg/g 和 3.664mg/g，大豆苷含量分别为 0.698mg/g 和 1.0302mg/g，大豆苷元含量分别为 0.110mg/g 和 0.3689mg/g，3 种异黄酮类化合物的含量均在 8 月最高，这一研究为充分利用国外野葛资源，确定合理采收时间提供了科学依据。马树运等（2015）对泰葛不同部位的异黄酮成分进行了检测，发现葛根素含量由高到低的顺序为根［（0.531±0.089）%］＞茎［（0.024±0.006）%］＞叶片［（0.018±0.004）%］，大豆苷含量由高到低的顺序为根［（0.226±0.034）%］＞叶片［（0.135±0.009）%］＞茎［（0.041±0.006）%］，染料木素含量由高到低的顺序为根［（0.075±0.001）%］＞茎［（0.054±0.007）%］＞叶片［（0.016±0.003）%］，说明泰葛块根的应用价值最高，茎的染料木素和葛根素含量优于叶片，而叶片中的大豆苷含量优于茎。研究者还对不同来源的 12 个粉葛进行了葛根素含量的检测，发现这 12 个粉葛葛根素含量介于'火山粉葛'葛根素含量（0.12%）与'怀化粉葛'葛根素含量（1.83%）之间，表明不同产地的粉葛中葛根素含量差异较大，且仅少数粉葛葛根素的含量达到《中华人民共和国药典》（2020 年版　一部）对粉葛葛根素含量的规定（不得低于 0.3%）（陈欣，2011；陈云，2014；张莉等，2017）。王雨婷（2020）研究发现，野葛中总异黄酮含量较高，其中，以陕西来源的最高，为 106.11mg/g；粉葛样品中总异黄酮含量最高的样品来自广东，含量仅为 3.64mg/g，可以看出，野葛及粉葛中总异黄酮含量具有显著的差异。谢璐欣等（2021a，2021b）对不同产地的野葛及粉葛进行了检测，研究结果表明，在 11 种异黄酮成分中，葛根素含量最高，陕西和江苏的野葛样品中分别达到 68.58mg/g 和 66.30mg/g；广东粉葛中大豆苷、大豆苷元及葛根素的平均值均为 8 个产区中最高的，分别是 0.63mg/g、0.32mg/g 和 2.55mg/g。为了比较野葛、粉葛及葛麻姆 3 个不同变种的花中化学成分的差异，研究者共鉴定了 35 个化合物，包括异黄酮类 22 种、黄酮类 6 种、皂苷类 7 种。结果表明，野葛、粉葛及葛麻姆 3 个变种的花中分别包含 32 种、35 种和 33 种化合物，其中包含葛花苷、鸢尾苷等 18 个差异化合物；野葛和葛麻姆的花中葛花苷、鸢尾苷含量更高，粉葛花中 6″-O-木糖黄豆黄苷和黄豆黄苷含量较高，葛麻姆花虽作为混伪品参与研究，但其中鸢尾苷和 6″-O-木糖鸢尾苷的含量较高，同样具有较大的开发潜力。

综上可见，不同来源葛根的质量受种类、产地、栽培年限、收获时期等多方面因素的影响，应加强葛根生产过程的监管及质量控制。

第四节 分子标记技术鉴定评价

一、分子标记技术鉴定的种类及优越性

分子标记技术以检测材料间遗传信息的核苷酸差异为基础，是在 DNA 水平遗传多态性的直接反映。分子标记技术鉴定评价的优越性有：分子标记可以揭示 DNA 水平的差异，不受外界环境及生物体发育阶段的影响，且在生物生长发育的各个阶段及各个组织均能进行检测；基因组的差异性大，丰富度高，分子标记的位点分布广泛，数量众多，易于显示出基因组的多态性；分子标记技术多表现为显性或共显性，对隐性基因的选择十分方便；许多分子标记技术能提供较为完整的遗传信息，可区分植物个体的纯合子和杂合子基因型（陈星和高子厚，2019；王刚等，2019；吴晓雯等，2020）；分子标记技术操作步骤简单，检测方便快速，且检测结果比表型鉴定准确，特异性强。因此，分子标记技术以其独特的优势已经被广泛应用于种质资源的遗传多样性分析、基因定位、基因库构建、遗传图谱的构建、基因克隆、种质资源鉴定与分类、分子辅助育种等领域（吴问广等，2020）。常用的分子标记有随机扩增多态性 DNA（RAPD）、限制性片段长度多态性（restriction fragment length polymorphism，RFLP）、扩增片段长度多态性（amplified fragment length polymorphism，AFLP）、简单序列重复区间扩增多态性（ISSR）、简单重复序列（SSR）、序列相关扩增多态性（SRAP）、单核苷酸多态性（single nucleotide polymorphism，SNP）、目标起始密码子多态性（SCoT）、DNA 条形码技术等（Adhikari et al.，2017；陈士林等，2019；李文娟等，2020）。

二、葛种质资源分子标记技术鉴定评价的研究进展

分子标记技术鉴定是根据植物的亲缘关系进行的，亲缘关系越近基因遗传相似度越高。葛属植物品种多，性状表现多样化，研究者根据传统的性状、显微和简单的理化鉴别不易区分，随着分子标记技术的发展，已有 RAPD、SSR、ISSR、SCoT、SRAP 等多种分子标记鉴定方法被用于葛属植物的研究。

（一）RAPD 分子标记技术

RAPD 分子标记技术最早是由美国学者威廉斯（Williams）和韦尔什（Welsh）等提出，是以聚合酶链反应（PCR）为基础发展的检测 DNA 多态性的方法（Williams and Welsh，1990）。RAPD 引物为随机引物，可在基因组 DNA 序列上的特定位点上结合，一旦基因组在这些区域发生 DNA 突变、缺失或者插入，就会导致 PCR 扩增产物大小和数量的不同，从而表现出多态性。RAPD 具有操作技术简单便捷、

实验成本低、检测速度快、样本 DNA 需求量少、一套引物适用于不同生物等优点，因此，RAPD 分子标记技术已广泛应用于基因组指纹图谱的构建、种质资源遗传多样性及亲缘关系的分析等多种研究上（白生文和范惠玲，2008；胡裕清和赵树进，2010）。

众多研究者也应用 RAPD 分子标记技术对葛属植物开展了研究。曾明等（2000）利用 RAPD 分子标记技术对葛属 6 种植物进行了分析，结果显示，粉葛和葛麻姆不应作为野葛的变种，应独立成种，而峨眉葛不能作为一个独立的种，应归属于野葛。唐俊（2002）从 72 个随机引物中筛选出 18 个 RAPD 引物，对 13 份葛种质资源进行了遗传多样性分析，共扩增出 171 个条带，其中具有多态性的条带有 151 个，多态性比率达 80%。当遗传距离为 0.53 时，13 份葛种质被分为 5 类，且各类之间与地理分布上呈一定的相关性。Heider 等（2007）通过 RAPD 分子标记技术分析了 5 个野葛和 16 个三裂叶野葛种质的种群间遗传变异，发现大多数变异是在种群之间或无性繁殖下的种质之间发生的。此外，他们还筛选出 12 个引物对葛种质资源进行扩增，检测出 46 个条带，其中多态性条带占 54.3%，将 5 个野葛材料聚为 3 类；同时，筛选出 3 个引物对 16 个三裂叶野葛进行扩增，检测出 11 个条带，多态性条带占 45.55%，聚类分析表明，当遗传相似系数为 0.31 时，16 个三裂叶野葛分为 2 个类群。景戌等（2010）利用 RAPD 分子标记技术检测了 12 份重庆葛种质资源的遗传多样性，并根据葛根素含量进行了聚类分析，12 个 RAPD 引物共扩增出 109 个条带，多态性条带占 64.41%，12 份葛种质的遗传距离为 0~0.36，平均距离为 0.19，表明 12 份葛种质之间的相似性非常高。当遗传相似系数为 0.2 时，12 份葛种质被分为 3 类；依据葛根素含量进行聚类分析表明，当遗传相似系数为 2.5 时，12 份葛种质被分为 3 类，但两种聚类方式的分类情况有所不同，可将两个结果相结合并相应增大样本数量才能准确地划分。周精华等（2013）通过 RAPD 分子标记技术对葛种质资源遗传多样性进行了分析，筛选出 10 个引物对 8 份葛种质资源进行了扩增，共扩增出 99 个条带，多态性条带达 65.65%，遗传相似系数为 0.626~0.939，聚类分析表明，遗传相似系数为 0.740 时，这 8 份葛种质被分为 4 类，研究还显示聚类结果与葛种质资源的地理来源有一定的相关性。纪宝玉等（2014）利用 RAPD 分子标记技术与葛根素含量测定相结合的方法对 11 个不同产地的葛种质资源进行了遗传多样性分析，11 个不同产地葛种质资源的葛根素含量为 3.26%~7.10%，8 个 RAPD 引物将 11 个不同产地的葛种质资源分为三大类，聚类的亲缘关系与地理分布的距离有关，但葛根素含量结果与 RAPD 分析表明，不同产地葛种质资源中的葛根素含量与样品间的遗传相似性无显著关系。魏文恺（2015）利用 RAPD 分子标记技术对山西 6 个主要产地的葛种质资源进行了遗传多样性和亲缘关系分析，把山西 6 个主要产地的葛种质资源分为 3 类。

综上，在葛种质资源相关研究中，RAPD 分子标记技术主要应用于遗传多样性分析。有研究表明，由于 RAPD 引物长度较短，反应过程中极易受到外界因素的影响，稳定性和重复性相对较差，导致 RAPD 分子标记技术检测的可靠性偏低。同时，RAPD 分子标记为显性标记，不能区分显性纯合和杂合的基因型，限制了其进一步发展（袁力行等，2000）。

（二）SSR 分子标记技术

SSR 也称微卫星 DNA（Litt and Luty，1989），是以特异引物 PCR 扩增为基础的分子标记技术。SSR 分子标记具有以下优点：数据丰富，可以覆盖整个基因组信息，可揭示的多态性高；具有多等位基因的特性，提供的信息量高；呈现共显性特点；引物由基因组上的特异位点序列进行设计，通用性强，不同实验室可相互引用引物进行合作交流等。目前 SSR 分子标记技术已广泛应用于遗传多样性分析、种质资源的鉴定、遗传图谱的构建及目标基因的定位与克隆等的研究。以往，SSR 引物设计较为困难（Vyhnánek et al.，2020），但随着高通量测序技术及生物信息学的快速发展，寻找作物基因组中的 SSR 位点并开发相应的引物变得越来越方便、快捷，因此，SSR 在未来有非常广阔的应用前景。

周荣荣等（2019）通过生物信息学方法分析了野葛、粉葛基因组中的 SSR 序列，开发了 20 对 SSR 引物，从中筛选出 5 对扩增稳定、重复性好、多态性强的引物，并对来自江西 9 个不同区域的粉葛栽培种进行了 SSR 遗传多样性分析。5 对引物共扩增出 32 个条带，其中差异条带 16 个，多态性条带达 50%。聚类分析表明，遗传相似系数为 0.5433～1.0000，平均遗传相似系数为 0.7359，9 个粉葛栽培种可归为三大支及 6 类种质，推测江西栽培粉葛品种存在同物异名或亲缘关系非常接近的情况。肖亮等（2019）以广西‘桂粉葛 1 号’为材料进行了转录组测序，采用 Trinity 软件对葛转录组测序数据进行组装，得到 83 811 条 unigenes，利用软件 MISA（microsatellite identification tool，http://pgrc.ipk-gatersleben.de/misa/）检索到 25 452 个 SSR 位点，发生频率为 30.4%。SSR 位点中，单碱基重复类型最多，为 13 703 个；二碱基和三碱基重复是优势单元重复，分别是 4735 个和 5023 个。利用 Primer 3 软件设计引物，共得到 16 574 对引物，排除单碱基重复和复杂类型的 SSR、长度小于 18bp 的 SSR 和 PCR 产物不在 80～200bp 范围的 SSR，最终得到并合成 229 对引物，用 229 对引物对随机挑选的 6 份表型差异明显的葛种质资源进行初步筛选，其中 28 对引物可以扩增出清晰的差异条带且大小与预期相符（表 5-1）。研究者通过对 44 份葛种质资源进行分析，验证了这些 SSR 引物对的有效性。广西葛种质资源丰富，开展其遗传多样性分析和构建核心种质库意义重大。Shi 等（2024）采用肖亮等（2019）开发的葛 SSR 分子标记，对采集的广西 272 个葛属植物进行遗传多样性评价，并构建核心种质库。最终 28 对引物鉴定出 118 个等位基因，其中 112 个等位位点为多态性。每个基因座的平均期望杂合度为 0.1841，平均基因流 N_m 为

1.769。通过群体结构分析、聚类分析和主成分分析，272 个个体被分为两个主要聚类（图5-5，图5-6）。根据遗传多样性分析结果，获得了由 20 份葛种质资源组成的核心种质（图5-7），包含 105 个等位基因，占 272 份种质资源等位基因总数的 93.75%。20 份葛种质资源的遗传相似性指数的变化范围是 0.31～0.60，表明广西不同地理位置的葛种质资源间存在相对狭窄的遗传变异。

表 5-1　表现多态性的 28 对葛种质 SSR 引物信息（Shi et al.，2024）

SSR ID	引物序列（5′-3′）		重复基序	产物长度/bp
PtSSR36	Fw: CTGAGTCTCTGCAAAGCCCA	Rv: TGTCACTGTGCTCCAACTCC	(TGC)₇	145
PtSSR59	Fw: GCAGCACTACTCGTGTCCTT	Rv: GTACAGATACACCTCGGCGG	(TAT)₇	191
PtSSR98	Fw: CATTCGGACCTCCATACCCG	Rv: CCGCATCCAACCCTGATCAA	(GTT)₇	189
PtSSR99	Fw: GCTTTCCGCTGCTACCATTC	Rv: GCAACCCCAATGCTTCACAG	(TGC)₇	195
PtSSR104	Fw: CACCCTCCCACCACTACAAC	Rv: GCAATGTCCTCCTCAGCTGT	(CAC)₇	104
PtSSR108	Fw: AGCGTGCCCAACTCAGTTAA	Rv: CGACGGAGAAGGAGGGAATG	(CTC)₇	175
PtSSR109	Fw: CAACCTGGCTTCTGTTGTGC	Rv: CTCTGAAACGCTGGGCAATG	(TTC)₇	141
PtSSR121	Fw: ACACTCAACACTCCACCACC	Rv: AGGGTTTCCACCTTGAACCG	(CGA)₇	169
PtSSR122	Fw: GGGGTTTCTTCTCGGCTGAA	Rv: CACCCCCTTCACGCTTCATA	(GTT)₇	127
PtSSR130	Fw: ATCAGTGTCTACGTGGGGGA	Rv: CACTGCAGCCACAACAACAT	(TGG)₇	161
PtSSR135	Fw: GATCCGCACCCTATCTGTGG	Rv: CTGCGACAGCTCCGATCTTA	(GAAG)₆	182
PtSSR144	Fw: TGTTGCTTTGAACACTAACATGCT	Rv: TGCCCTTGTCAGACACAACA	(AGC)₇	150
PtSSR155	Fw: TTCAACATTCCCCCAACCCC	Rv: AAGAAGAGGAACACCAGGCC	(AAT)₇	195
PtSSR165	Fw: ACGACGATGCCAGTGTCATT	Rv: TCGTCCACCCTGGTGTAGAT	(GTA)₇	191
PtSSR168	Fw: GATCCCACCCACCACTTCTG	Rv: GGCTCTAGTTCTGGTGCTGG	(CCA)₇	133
PtSSR169	Fw: ATCAGTGTCTACGTGGGGGA	Rv: CACTGCAGCCACAACAACAT	(TGG)₇	161
PtSSR172	Fw: TCTCCAAAACAAGAAGGAAACTCC	Rv: TCTTTCCTCTTCTGGTATCCCA	(GCA)₇	200
PtSSR174	Fw: CAAAGAAGAAGCAGCCGCAG	Rv: GTCAATCCCGAAGCACTTGC	(TGA)₇	105
PtSSR175	Fw: CTGAGTCTCTGCAAAGCCCA	Rv: TGTCACTGTGCTCCAACTCC	(TGC)₇	145
PtSSR186	Fw: TGTTGCTTTGAACACTAACATGCT	Rv: TGCCCTTGTCAGACACAACA	(AGC)₇	150

续表

SSR ID	引物序列（5'-3'）	重复基序	产物长度/bp
PtSSR187	Fw：TGTTGCTTTGAACACTAACATGCT	$(AGC)_7$	150
	Rv：TGCCCTTGTCAGACACAACA		
PtSSR190	Fw：AACTGCAGGAGGAGCATGAC	$(TTG)_7$	193
	Rv：GAGCCTCCAGGTTCTTGTCC		
PtSSR191	Fw：GGAAGCATTGCGGTTTGGTT	$(GGT)_7$	172
	Rv：TCACATCACATGCTGCCACT		
PtSSR196	Fw：GCAAGAACCTGTGCTCCTCT	$(CTC)_7$	132
	Rv：TGCCAATGCCATTGTGGTTG		
PtSSR201	Fw：GCCTCTTCCAGCGAGAACTT	$(ACA)_7$	169
	Rv：TGATCCTCCCCAACAAGCTG		
PtSSR205	Fw：CTGAGTCTCTGCAAAGCCCA	$(TGC)_7$	145
	Rv：TGTCACTGTGCTCCAACTCC		
PtSSR217	Fw：TCTCTCTTCACGGCGTTGTC	$(GCA)_7$	190
	Rv：TCGATTCTATTCGGTTGCCCT		
PtSSR222	Fw：TGTGCAAGAAGGATGGGTGA	$(TA)_{10}$	136
	Rv：GGTTGCATTCGGAAGCAACA		

注：Fw 表示正向，Rv 表示反向

类群Ⅰ

类群Ⅱ

| 0.28 | 0.46 | 0.64 | 0.82 | 1.00 |

遗传相似系数

图 5-5 基于 SSR 分子标记技术的广西葛种质资源聚类分析结果（改自 Shi et al.，2024）

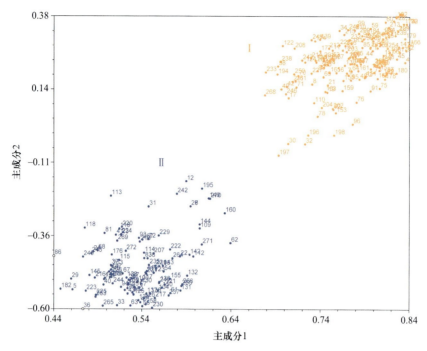

图 5-6　基于 SSR 分子标记技术的广西葛种质资源主成分分析结果（改自 Shi et al.，2024）

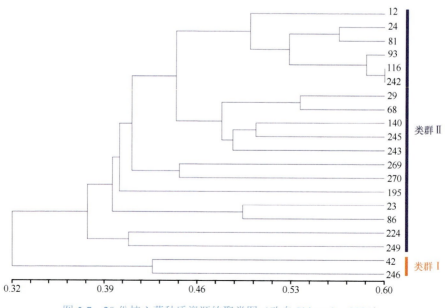

图 5-7　20 份核心葛种质资源的聚类图（改自 Shi et al.，2024）

（三）ISSR 分子标记技术

ISSR 分子标记技术是在 SSR 分子标记技术基础上发展起来的。ISSR 分子标记技术克服了 SSR 分子标记技术必须知道 PCR 特定引物的瓶颈，使 ISSR 分子标记技术操作不需要序列信息（Godwin et al.，1997），使用通用引物即可在不同作物中实现多态性扩增。ISSR 分子标记技术操作具有简单快捷、多态性强，且不需要基因组信息进行引物设计等优点（Goulão and Oliveira，2001；Pradeep et al.，2002），被广泛应用于种质资源鉴定、进化与亲缘关系分析、遗传多样性分析、遗传结构检测、遗传图谱构建、基因定位、分子标记辅助育种等方面的研究。ISSR 分子标记技术是基于 PCR 进行 DNA 扩增，受多种 PCR 条件的影响，因此在进行 ISSR 分子标记时应先对 PCR 条件进行优化。陈元生和彭建宗（2010）通过正交试验，对 Taq DNA 聚合酶、dNTP、引物、Mg^{2+} 浓度等 4 种因素对葛的 ISSR 反应体系进行了优化分析，得到葛 25μl 的 ISSR 体系的最佳 PCR 条件：40ng/μl 模板 DNA、0.2mmol/L dNTP、1×PCR 缓冲液、0.4μmol/L 引物、2.5mmol/L Mg^{2+} 和 0.5U Taq DNA 聚合酶，最佳退火温度为 57.9℃。郭艳艳等（2013）采用 ISSR 分子标记技术对来自广西、江西、云南、湖北 4 省（自治区）共 11 份葛种质资源进行了遗传多样性分析，12 条引物共扩增出 98 个条带，其中多态性条带有 68 个，多态性比例为 69.39%，遗传相似性系数为 0.65～1.00，聚类分析将 11 份葛种质资源分为 2 个大类 4 个亚组，表明 11 份葛种质资源之间的遗传相似性较高，多态性不高，遗传变异小。袁灿等（2017）利用表型鉴定和 ISSR 分子标记技术相结合的方法，对 127 份不同产地的葛种质资源进行了遗传多样性分析，并开展了表型与分子标记之间的关联分析。结果表明，127 份葛种质资源之间的表型性状变异大。19 条 ISSR 引物在 127 份葛种质资源中共扩增出 109 个多态性条带，平均每个引物扩增出 5.74 个条带，遗传多样性较好。聚类分析将 127 份葛种质资源聚为两大类，聚类结果与地域关系不大；关联分析发现 3 个与茸毛性状相关联的 ISSR 分子标记。葛花（2019）利用 22 条引物对 137 份葛单株进行 ISSR 分子标记分析，22 条引物共扩增出 62 个条带，其中多态性条带共 58 个，多态性比例为 93.55%，多态性较高。相关性分析表明引物 USB829 与茎径性状相关联，USB840 与节间长和净光合速率这两个性状相关联，引物 USB846 与叶宽、相对叶绿素含量、根径、粗灰分含量及磷含量性状相关联。吴潇（2020）筛选出 14 条多态性高、重复性好的 ISSR 引物，对 20 份全国各地的葛种质资源进行了遗传多样性分析，共扩增出 110 个条带，其中多态性条带 82 个，多态性比例为 74.55%，遗传相似系数为 0.49～0.93，遗传多样性较为丰富。其中，江西横峰与江西上饶葛种质资源亲缘关系最近，遗传相似系数达 0.93，重庆大足和山西阳城、重庆大足和贵州绥阳、重庆綦江和贵州绥阳葛种质资源之间遗传相似系数均为 0.90，而重庆涪陵和重庆垫江、广西梧州和重庆涪陵的葛种质资源之间遗传相似系数均仅为 0.49，表明亲缘关系较远，且亲缘关系与地域关系不大。

（四）SRAP 分子标记技术

SRAP 分子标记技术是 2001 年由美国加利福尼亚大学研究人员开发的一种新型的基于 PCR 的标记体系（Li and Quiros，2001），是利用基因外显子里 G、C 含量丰富，而启动子和内含子里 A、T 含量丰富的特点设计两套引物，对开放阅读框（ORF）进行扩增的一种分子标记方法。SRAP 分子标记技术具有简便、稳定、高效、多态性高、重复性好、不需要知道作物基因组信息、利用通用引物即可进行分子标记检测等优点，已被应用于图谱构建、性状标记、遗传多样性分析、基因定位等多个领域。SRAP 分子标记技术是基于 PCR 扩增的技术，容易受到反应条件的影响，并且引物的筛选是 SRAP 分子标记的核心。尚小红等（2019b）通过正交设计建立了葛种质的最优 20μl 体积的 PCR 体系：DNA 模板量为 40ng，Mg^{2+} 为 1.5mmol/L，dNTPs 为 0.25mmol/L，引物为 0.6μmol/L，Taq DNA 聚合酶为 0.5U。各因素对葛 SRAP-PCR 扩增效果影响大小依次为 dNTPs＞Taq DNA 聚合酶＞Mg^{2+}＞引物＞DNA 模板量。他们还以此体系对 SRAP 引物组合进行了筛选，获得了 91 对适用于葛的 SRAP 引物组合。陈大霞等（2011）以野葛和苦葛为外组，18 个粉葛栽培品种为试材，通过 SRAP 分子标记技术进行遗传多样性分析，22 对引物组合共扩增出 338 个条带，其中多态性条带 216 个，多态性比例为 63.9%，平均每对引物组合产生 15.4 个位点和 9.8 个多态性位点，说明粉葛种质资源间的遗传变异较大，具有较为丰富的遗传多样性。18 份粉葛种质资源的遗传相似系数为 0.0047~0.2658，平均 0.136。聚类分析将野葛、苦葛及粉葛明显地划分为三大聚类群，大部分品种并没有按地域形成独自的类群。尽管 SRAP 具有一定的优点，但 SRAP 分子标记是以正反引物扩增开放阅读框，对基因相对较少的端粒及着丝粒附近的扩增会比较少，可通过结合扩增这些区域的 SSR 标记来获得覆盖整个基因组的遗传连锁图谱（任羽等，2004）。此外，外显子序列在不同个体中通常是保守的，这种低水平多态性限制了将它们作为标记的来源（柳李旺等，2004），所以在利用 SRAP 分子标记时也需要不断地开发适合不同物种的引物，以获得更好的效果。

（五）SCoT 分子标记技术

SCoT 分子标记技术是 2009 年提出的一种基于植物基因 ATG 起始密码子两侧的保守区开发的一种新的植物 DNA 标记产生方法（Collard and MacKill，2009）。SCoT 分子标记是一种目的基因分子标记，本身可能就是目标基因的一部分，或者与目标基因相近，或者与目标性状紧密连锁，能产生有效的和性状连锁的分子标记，并且能对目标性状进行跟踪，具有操作简便、多态性好、价格低廉、引物设计方便且通用性强等多种优点，因此，SCoT 分子标记技术被广泛应用于种质资源遗传多样性、亲缘关系分析、种质鉴定、指纹图谱的构建、基因差异表达、分子遗传连锁图谱的构建、分子标记辅助育种、基因克隆等方面。不同作物的最佳SCoT-PCR 反应体系和适用的引物均有所不同，因此在利用 SCoT 分子标记对不同作物开展研究时，首先需要对反应体系进行优化，并筛选出适用的引物。尚小红等（2018）采用正交设计对葛的 SCoT-PCR 反应体系条件进行了优化，建立了葛的 SCoT-PCR 最佳反应体系：20.00μl 含有 50.00ng 的 DNA 模板量、1.50mmol/L 的 Mg^{2+}、0.25mmol/L 的 dNTPs、0.5U 的 *Taq* DNA 聚合酶和 0.80μmol/L 的引物，并利用该反应体系筛选出 35 条适用于葛种质资源鉴定、相关分子标记开发及遗传多样性分析等研究的引物。此外，尚小红等（2019a）利用 25 条 SCoT 引物对广西不同地区的 44 份葛种质资源进行了遗传多样性分析，共扩增出 223 个条带，其中多态性条带 194 个，多态性比例为 87.00%。聚类分析结果表明，44 份葛种质资源的遗传相似系数为 0.587～0.982，当遗传相似系数为 0.65 时，44 份葛种质资源被分为两大类，当遗传相似系数为 0.74 时，可分为六大类。聚类结果与地域关系不大，更重要的是与葛种质资源的种类相关。实验表明，采用 SCoT 分子标记技术对葛种质资源进行遗传多样性分析获得的多态性比例高于利用 ISSR、RAPD和 SRAP 等分子标记技术的鉴定结果，说明 SCoT 分子标记技术适用于葛种质资源的遗传多样性分析。但目前只开展了广西地区葛种质资源的 SCoT 分子标记分析，应进一步扩大至其他区域或其他种类的葛种质资源遗传多样性分析或鉴定的研究中。

（六）SNP 分子标记技术

SNP 是指基因组上单个核苷酸的多态性，包括插入、缺失、倒置、置换等，其数量极多，在基因组中分布相当广泛，多态性极为丰富。SNP 分子标记具有遗传稳定性高、位点丰富且分布广泛、多态性高、具有二态性和等位基因性、检测快速、易实现自动化分析等优点。随着现代分子生物技术的发展，高通量测序成本越来越低，导致 SNP 数据的获得越来越简便，SNP 分子标记的开发应用也越来越广泛。研究人员以野葛和三裂叶野葛为材料，进行了转录组测序，发现在野葛和三裂叶野葛之间检测到的 SNPs 数量比在野葛中检测到的 SNPs 数量增加了近100 倍，在野葛和三裂叶野葛之间发现的 SNPs 可能代表了物种水平，表明了这 2个种之间的差异。同时，研究人员还利用分子标记对全球 68 个葛种质资源进行了遗传多样性分析，结果支持日本是美国葛来源地的假说，并将美国葛的来源缩小到日本中部的本州岛（Haynsen et al.，2018）。

（七）DNA 条形码技术

DNA 条形码技术是分子鉴定的最新发展方向，它是指生物体内能够代表该物种的、标准的、有足够变异的、易扩增且相对较短的 DNA 片段，以这段短而标准的 DNA 序列作为标记来实现准确、快速和自动化鉴定物种的方法。DNA 条形码是在 2003 年由加拿大科学家保罗·赫伯特（Paul Hebert）提出的（Hebert et al.，2003），并于 2015 年被收录进《中华人民共和国药典》（2015 年版）。目前，适用于植物的条形码主要包括 *rbc*L、*rpo*B、*psb*A-*trn*H、ITS、ITS2、*rpo*C1、*mat*K 等。DNA 条形码既可以用于物种鉴定，也可以帮助科研工作者深入了解生态系统内部的相互作用，已成为物种研究的重要工具。在发现未知物种或者物种的一部分时，研究人员可绘制其组织的 DNA 条形码，然后与数据库内的物种条形码进行比对，根据匹配情况来确认这个物种的身份。DNA 条形码可不受生态环境、个体形态及生长发育阶段的限制，样品用量少，结果准确、重复性好，因此可以对物种进行准确的分析鉴定。曾明等（2003）利用 DNA 条形码技术对葛属葛种的 3 个变种（野葛、粉葛和葛麻姆）进行了亲缘关系分析，结果表明，粉葛应作为葛的变种，而葛麻姆应独立成种，同时 ITS 序列分析的结果与根据化学成分分类的结果是一致的。余智奎（2009）采用 DNA 条形码技术对葛种质资源的基因型进行了鉴定，并结合药效成分进行了评价，研究表明，葛种质资源的 ITS 序列变异较大，可将葛种质资源分成 13 个基因型，基因型不同是导致不同葛种质资源中葛根素含量差异的原因之一，但是不同基因型中总黄酮的含量没有明显变化。而叶绿体基因 *trn*L 仅 1 个基因型，表明内含子序列无变异。叶绿体基因 *trn*H-*psb*A 和 *psb*K-*psb*I 序列的变异结果将 24 个样品分成了 2 个基因型，碱基位点变异与产地关联。此外，每个物种 DNA 中 G+C 的含量是特定的，可以反映出属种之间的亲缘关系。刘东吉等（2011）对来自东北、华北、华中和西北地区共 8 个居群的 24 份葛种质资源，进行了 ITS 序列、*trn*H-*psb*A 及 *psb*K-*psb*I 的扩增检测，发现 ITS1 和 ITS2 序列各有 1 个单碱基突变，*psb*K-*psb*I 序列有 2 个单碱基突变，*trn*H-*psb*A 序列有 1 个单碱基突变和 1 段 10 个碱基的缺失，利用 ITS 序列将葛划分成 4 个基因型，分别是GAG 基因型、TAT 基因型、TGG 基因型和 GGG 基因型，划分类型与葛来源关系不大。蒋向辉等（2015）基于核 rDNA ITS 序列对 11 份葛种质资源进行了亲缘关系研究，根据 G+C 含量的结果，藤县粉葛、常德粉葛、武隆苦葛可聚为一类，合川粉葛和蒙自粉葛聚为一类，通道山葛聚为一类，与其他物种存在较远的距离；德兴宋氏超级粉葛与常宁野葛聚为一类，但与会同山葛、大卫粉葛处于不同的分支上，亲缘关系相对较远。此外，蒋向辉等（2016）通过形态学和 rDNA ITS 序列方法对葛属植物分类进行了一致性比较，发现两种方法的分类结果具有一定的相似性，但仍然存在较大的差异。形态学特征容易受到生长环境、取样条件等多因素影响，而基于 ITS 序列的分类结果更为可靠。张丽等（2019）从野葛中找到一段特异性的 DNA 序列，并设计了特异性引物组合 *PLCHS* Fw: GATGGTAGG AGAATAATAACATATCGA，*PLCHS* Rv: CCAATGTTCAATTTCCACCGTCTA，以此序列为基础建立了野葛特异性 PCR 检测方法，利用该引物对野葛 14 个不同居群的 DNA 进行了 PCR 扩增，均能扩增出 226bp 的片段，而用此引物对 20 种其他植物的 DNA 进行扩增均未出现特异性扩增产物，表明这对引物可用于野葛成分的检测与鉴定。Zhang 等（2020b）利用 DNA 条形码技术对野葛和粉葛进行了检测，发现 ITS2 序列能以稳定的单核苷酸多态性（SNP）位点区分野葛和粉葛，野葛中比粉葛中多 1 个 SNP 缺失位点，导致野葛和粉葛的 ITS2 序列长度分别为246bp 和 247bp，聚类结果表明野葛和粉葛在不同分支上。综上，DNA 条形码技术在葛属植物亲缘关系分析、亚种水平鉴定中得到了很好的应用，并能在一定程度上揭示不同产地葛的性状及内含物质产生区别的本质。

分子标记技术在葛属植物亲缘关系、遗传多样性分析、关联分析、种质鉴定分类等方面开展的研究加速了科研工作者对葛属植物的了解。随着葛属植物基因组的解析及后基因组时代的到来，结合基因组、转录组和代谢组等组学信息来挖掘关键基因，开发相关分子标记，可为葛优良品种的选育提供技术支持和理论依据。

第六章 葛种质资源的研究进展与动态

随着现代科技的进步及全球生物多样性保护越来越受到重视，葛作物种质资源的研究也越来越系统和科学，并取得了一定的成果。从过去单纯地依靠表型及农艺性状进行田间优良品种选育，发展到以基因组、代谢组、转录组、表观遗传学等现代生物学手段，挖掘优异的种质基因，解析葛种质资源背后的基因密码，提高育种效率，选育更多优良的高产、优质、多抗的葛优异新品种，从而加速对葛种质资源的利用。葛种质资源的研究也呈现出从田间的宏观观察延伸到实验室的微观研究等特点和趋势。然而，相对于大宗作物百花齐放、百家争鸣的种质资源的利用及开发现状，多数葛种质资源仍达不到育种可利用的程度，缺乏具有明显竞争力的优良品种、基因或种质，甚至存在葛种质资源流失等现象，脆弱性越来越明显。因此，葛种质资源的研究、利用、育种和生产的需求空间依然很大，葛种质资源研究工作依然任重道远。

第一节 葛种质资源研究存在的主要问题

一、葛种质资源流失的风险依然存在

目前，葛属利用最广泛的种质资源为葛种的野葛及粉葛，粉葛已实现了人工规模化栽培。新品种的推广应用及栽培技术的提高，使得一些地方品种尤其是农家种逐渐被替代淘汰。野葛目前尚处于破坏性采挖阶段，由于过度采挖等原因导致野生葛种质资源总量下降。其余种类的葛种质资源因利用价值低，在国内重视程度不够，且存在因城市发展、土地用途改变等原因导致资源面积缩小或消失的现象。葛作为小宗作物，科研队伍不稳定、科研经费不足，导致葛种质资源收集及保护相关工作进度迟缓或者停滞。此外，由于葛种质资源保存方式的不完善，也在一定程度上加速了葛种质资源的流失。随着大健康产业的发展，野葛和粉葛作为药食同源两用作物越来越受到人们的重视，相关产品也越来越丰富，葛研究重新焕发生机与活力。种质资源是葛产业发展的基础与奠基石，因此，建议政府部门设立经费保障，建议科研部门从葛种质资源的收集、鉴定评价、保护利用及核心种质库的构建等方面进行加强，重点选育淀粉加工类、菜用类、药食两用类、药用类及茶用类等专用型葛新品种，并开展良种繁育及示范推广工作，同时还应

加强除粉葛和野葛之外其他葛属植物的开发利用。

二、葛种质资源调查收集、鉴定评价、保存及利用工作相对薄弱

　　研究者对葛种质资源的分布及种类进行了系列调查研究。顾志平等（1996）发现全国药用的葛主要是粉葛和野葛，其中，野葛分布范围极广，除西藏、新疆等少数几个省份外，其他省份几乎都有分布，而粉葛则以栽培为主，主要分布在广西、广东、湖北、江西、湖南等地。赵立久和何顺志（2001）发现贵州有粉葛、野葛、食用葛、越南葛、三裂叶野葛和苦葛共 6 种葛属植物。郑水庆和曾明（2002）调查发现，云南葛种质资源丰富，有 9 种葛属植物，分别为粉葛、野葛、山葛、密花葛、苦葛、峨眉葛、食用葛、黄毛葛和三裂叶野葛。张恩让等（2007）调查发现，贵州息烽县有野葛、甘葛、越南葛和峨眉葛 4 种葛属植物。余智奎等（2009）对陕西、河南和山西 3 个省的葛种质资源进行了调查，发现野葛资源在各地都十分丰富，但未发现人工栽培的迹象。康林峰等（2011）发现湖南娄底有野葛、甘葛和三裂叶野葛。广西壮族自治区农业科学院研究者收集葛种质资源累计 400 余份，包含野葛、粉葛、葛麻姆、泰葛、食用葛、苦葛、大花葛、狐尾葛等多种类型，并建立了目前世界上最大的葛种质资源圃。尽管已开展了一些工作，但我国科研工作者在葛种质资源的调查收集、鉴定评价、保存及利用等方面的工作还是相对薄弱，且由于各地区在开展工作时的科学性和规范性不一致，系统评价和分类研究存在不足，影响了葛种质资源的有效利用。

三、葛种质资源研究利用整体落后

　　近年来，随着大健康产业的发展，人们越来越重视饮食的健康与营养。野葛及粉葛作为药食同源两用作物，葛的关注度空前高，一些原产地的优良葛品种被列为国家地理标志产品，如广东的‘火山粉葛’‘合水粉葛’‘庙南粉葛’‘活道粉葛’‘鹤山粉葛’‘竹山粉葛’，江西的‘横峰粉葛’‘东乡葛’‘德兴葛’，广西的‘藤县粉葛’，贵州的‘榕江葛根’等（瞿飞等，2011；董彐倩等，2020；何绍浪等，2020）。广大科研单位及企业积极开展葛种质资源收集及新品种选育的相关工作，通过对农家种和当地种的纯化、野生种的驯化或杂交、组织培养苗变异株等选育出一系列的葛优良品种。恩施自治州荣宝科贸有限公司、恩施自治州蔬菜技术推广站、恩施自治州佳佳生物工程有限责任公司、恩施自治州农业科学院魔芋研究所从湖北西南部山区的地方葛种质资源中经系统选择育成粉葛新品种‘恩葛-08’，2009 年通过湖北审定。该品种生育期长，丰产性、稳产性好，抗性、适宜性强，成为湖北恩施自治州主推葛品种（于斌武等，2011）。怀化职业技术学

院和麻阳苗族自治县农村综合改革办公室共同选育的'安锦1号'葛新品种于2015年通过湖南省农作物品种审定委员会审定（XPD024-2015），该品种生长势强，块根形状好，分枝少，高产稳产，田间栽培简单，可粗放化管理（王智课等，2017）。柳州市林业科学研究所历经10多年从6个地方品种栽培比较试验中选育出'葛根85-1号'优良品种。该品种具有淀粉率高、质糯、纤维少、产量高、抗性强等优点，当年种植当年收，亩产鲜薯3000kg以上，薯块粗肥，单薯质量为1～4kg，淀粉率为87%。广西大学在"中国葛根之乡"——梧州藤县设立基地，成功培育出'桂葛1号'优质粉葛品种，以及'桂葛16号'和'桂葛18号'等药用葛品种。广西壮族自治区农业科学院以广西藤县传统主栽种'和平粉葛'为材料，通过组织培养产生体细胞无性系变异,在变异群体中筛选优良变异单株，选育出'桂粉葛1号'新品种（欧昆鹏等，2017）。湖南农业大学通过杂交选育出'湘葛一号'和'湘葛二号'新品种（熊劲雅，2014）。江西选育出'赣葛系列''宋葛系列''横峰系列''葛博士1号''木生葛根''春桂葛根'等葛品种，但存在品种混杂及同物异名等现象（何绍浪等，2020）。研究表明，药用植物在诱导成为多倍体后，次生代谢物质会增加（何韩军等，2010），因此，为获得优异的葛种质资源，研究者开展了粉葛同源四倍体诱导相关研究。周堂英（2005）利用秋水仙碱对'江西葛博士'和'合川葛根'的丛生芽茎尖进行了同源四倍体诱导，发现0.4%～0.5%秋水仙碱处理48h效果较好，两个品种的同源四倍体诱导率分别达到29.6%和35.0%。这一研究开启了葛多倍体研究的先河，为创制高葛根素葛品种提供了新的思路。

葛种质资源利用取得了一定的进展，然而，相较于大宗作物（如水稻、玉米、蔬菜作物等），葛品种选育工作仍然十分落后，选育成功的品种不多，且推广种植面积较小。此外，选育出的新品种基本是生长迅速、块根膨大快、淀粉含量高的粉葛品种，而葛根素的含量普遍偏低，尚未达到《中华人民共和国药典》（2020年版 一部）中对粉葛葛根素含量（不得低于0.3%）的标准。因此，下一步须加快以主要功效成分——葛根素含量为中心的粉葛、野葛新品种的选育工作。

第二节 葛种质资源研究进展

一、葛种质资源繁育的研究进展

葛可以采用有性繁殖和无性繁殖两种繁殖方式。其中，有性繁殖即为种子繁殖法，存在一些弊端：葛种皮厚且硬，透气性极差，自然浸种后催芽发芽率低，常常种子在发芽前就出现霉变等现象，因此，采用种子发芽时，需物理性破壳或者使用激素处理，不便操作；而且，生产上种植的葛基本为1年采收，但非常多的葛品种在种植当年并不开花，无法采用有性繁殖方法进行繁育。因此，有性繁殖在实际生产中应用并不多。

葛无性繁殖可采用根头繁殖、压条繁殖、扦插繁殖和组织培养繁殖4种方法。根头繁殖指切下8～10cm的根头栽于生产地内进行繁育的方法。该繁殖方法成活率高，操作简单，但繁殖系数低而应用不多，除少数收集资源时采用外，常规种植时未见应用。压条繁殖是野葛最常见的繁殖方式，分为连续压条、波状压条等方式，具体操作如下。在每年的7～8月选粗壮健康的葛藤，每隔1～2节在节间处挖松土，再用土压在节上，保持土壤湿润以利生根。待1个月左右节间处长出茂盛的新根后，即可与母株分离。压条繁殖具有简便快捷、成本低、成活率高的优点，但占地多，且与母株的块根争夺营养，影响母株产量。扦插繁殖是粉葛最常见的繁殖方式，于春季3～4月挑选前一年种植植株的健壮、无病虫害、半木质化的葛藤作种藤。将种藤剪成12～15cm的茎段，每个茎段至少包含1个芽眼，其中，上端剪成平口，离上端芽眼2～3cm，下端剪成斜口，离下端芽眼8～10cm，将剪好的扦插茎段在准备好的苗床上进行扦插。大约20d后，当扦插种藤下生出愈伤组织或者根系、节间处可见芽点或嫩叶时，即可进行田间种植。扦插繁殖速度快，繁殖系数高，扦插苗植株粗壮，占地集中；随着组织培养技术的快速发展，葛的组织培养离体快速繁殖技术也取得了一定的进展。研究者先后开展了葛的离体培养、生根及块根诱导技术的研究（吴丽芳等，2005；王胜利等，2007；张帆等，2008；马崇坚等，2013；毛霞，2015；曾文丹等，2022），繁殖体系逐渐完善。组织培养繁殖具有繁殖速度快、种苗质量好、占地面积少、不受季节限制、可脱除病毒等的优点，可应用于工厂化批量式生产，是未来葛种苗生产的发展趋势。

不同来源的葛种质资源组织培养快繁的技术体系不相同。2002年9月在福建武夷山区首次发现的白花葛为葛属植物中的新品种，富含丰富的异黄酮、皂角苷和微量元素（Se、Zn、Mo等），为了对白花葛进行保护和利用，研究者于2003年建立了成熟的白花葛组织培养无性快繁工厂化育苗技术（阮淑明和范子南，2010）。黄宁珍等（2008）研究了泰葛的组织培养快繁技术，结果表明，MS培养基+0.05mg/L吲哚丁酸（IBA）+0.5mg/L 6-苄基腺嘌呤（6-BA）培养基利于诱导出芽，可用于初代培养；MS培养基+0.02mg/L IBA+0.2mg/L 6-BA培养基和MS培养基+0.1mg/L 6-BA培养基可用于增殖和继代培养，25d繁殖系数为3.0；1/2MS培养基+0.1mg/L IBA+0.2mg/L吲哚-3-乙酸（IAA）+10mg/L碳（C）培养基适于诱导生根，获得再生植株，生根率为76.9%。张帆（2008）以种子为外植体，发现粉葛试管苗的增殖培养基为MS培养基+2.0mg/L 6-BA+0.1mg/L萘乙酸（NAA）培养基，增殖系数可达18%，壮苗培养基为MS培养基+0.1mg/L 6-BA+0.1mg/L NAA培养基，生根培养基为1/2MS培养基+1.0mg/L IBA培养基，生根率可达90%；粉葛试管块根诱导的最适合培养基为MS基本培养基+1.5mg/L 6-BA+0.1mg/L NAA培养基，较高的蔗糖和温度能促进粉葛块根增粗。马崇坚等（2013）以'火山粉葛'为材料，发现嫩茎尖是诱导愈伤组织的最佳材料，MS 培养基+0.1mg/L 6-BA+0.1mg/L 2,4-二氯苯氧乙酸（2,4-D）培养基有利于茎段侧芽的萌发，MS 培养基+0.5mg/L 6-BA+1.0mg/L 2,4-D 培养基能高效诱导愈伤组织，MS 培养基+0.5mg/L NAA 培养基能诱导不定根。张鲁（2015）建立了大巴山粉葛组织培养繁育技术体系，1/2MS 培养基+0.5mg/L 6-BA 培养基为初代培养基，诱导率为 92.2%；增殖培养基为 MS 培养基+1.0mg/L 6-BA+0.01mg/L NAA+0.05mg/L IBA 培养基，增殖系数为 5.0；生根培养基以 1/2MS 培养基+0.01mg/L NAA+0.1mg/L IBA 培养基最佳，生根率可达 96.0%。毛霞（2015）研究表明，MS 培养基+2.0mg/L 6-BA+0.2mg/L IAA 培养基为葛的最适启动培养基，MS 培养基+0.1mg/L 6-BA+ 0.05mg/L IAA+0.1mg/L 激动素（KT）培养基为最适增殖培养基。曾文丹等（2022）认为在组织培养条件下，诱导葛块根的较优配方为 MS 培养基+2mg/L 6-BA+ 0.5mg/L NAA+2.2mg/L 茉莉酸甲酯（JA）+80g/L 蔗糖+6.0g/L 琼脂培养基（pH 5.8），在该配方诱导条件下，试管块根的诱导率达 95%以上；同时，以'桂粉葛1号'2～5 节位完全展开的幼嫩叶为外植体材料，研究显示，愈伤组织诱导最适培养基为 MS 培养基+2.0mg/L 6-BA+1.0mg/L 2,4-D 培养基，诱导率为 94.7%，愈伤组织分化不定芽的最适培养基为 MS 培养基+2.0mg/L 6-BA+0.1mg/L NAA 培养基，分化率为 9.2%；将诱导分化的不定芽转入 MS 培养基+0.02mg/L NAA 培养基中，生根率达 98%以上。

二、葛分子生物学的研究进展

随着现代分子生物学技术的发展、应用及后基因组时代的来临，分子技术的不断进步，基因组、转录组、代谢组、基因克隆、生物信息学分析等多种分子生物学手段在葛相关研究中得以应用。

（一）葛基因组解析

1. 粉葛基因组解析

粉葛为葛属植物中应用最为广泛的变种，为药食同源两用植物，素有"亚洲人参""南葛北参"的美誉，广泛种植在广西、江西、广东、湖南、云南、安徽、湖北等地，其中广西是粉葛的主要种植区，种植面积全国第一，其中梧州藤县是"广西粉葛之乡""中国葛根之乡"，藤县葛色天香和平粉葛产业（核心）示范区被评为广西现代特色农业（核心）示范区（四星级）。当前广西粉葛产业发展仍然面临很多亟待解决的问题，基因组的解析将为粉葛产业高质量发展提供科技支撑。为此，广西壮族自治区农业科学院经济作物研究所严华兵研究员团队领衔，联合武汉菲沙基因信息有限公司、广西中医药大学、上海大学等单位利用 PacBio、

Illumina 测序以及 Hi-C 测序，构建了首个豆科葛属药食同源植物——粉葛染色体级别的基因组，标志着粉葛研究迈入基因组时代，开启了葛属进化、野葛驯化、粉葛品种改良之旅，从 0 到 1 加强基础研究，助力广西乃至全国特色优势粉葛产业高质量发展。研究者通过构建高质量的粉葛基因组，解析了粉葛基因组的进化特征，并通过多组学分析深入解析了粉葛中重要次生代谢物异黄酮、葛根素等的生物合成途径，从而为粉葛的资源利用、遗传育种等研究提供了新见解（Shang et al.，2022）。

　　作者以粉葛 FG-11 为材料开展了粉葛基因组解析工作（Shang et al.，2022）。鉴于粉葛杂合度较高，作者选用了 PacBio 和 Hi-C 测序，构建的粉葛基因组大小为 1.38Gb，conting N50 为 598kb，并将 99.3% 的序列锚定到 11 条染色体上，BUSCO 评估基因组完整性为 92.9%。通过注释，共获得 45 270 个蛋白质编码基因，其中 94.4% 的基因可以得到功能注释，基因组中重复序列占比为 62.7%（图 6-1）。将粉葛与 16 个近缘物种（包含 5 个豆科植物）进行比较基因组分析，结果表明 6 个豆科植物共有基因家族 11 204 个，粉葛基因组中显著扩张的 4743 个基因家族主要富集在与异黄酮、生物碱、甾醇和萜类等生物合成相关的通路中；粉葛特有基因

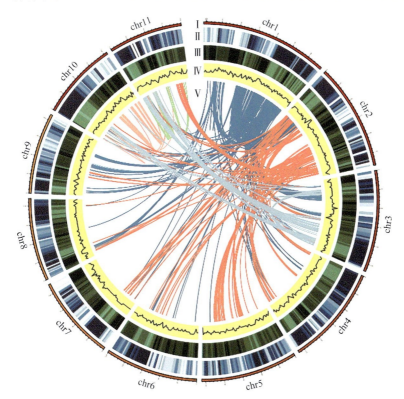

图 6-1　粉葛基因组圈图（Shang et al.，2022）

家族为 2373 个，主要富集在与萜类生物合成相关的通路中；粉葛基因组中受到显著正选择的基因共有 34 个，富集在昼夜节律、同源重组、淀粉代谢和蔗糖代谢等途径中（图 6-2）。

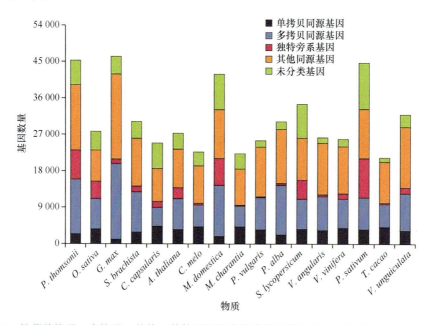

图 6-2　粉葛单拷贝、多拷贝、独特、其他同源和未聚类基因的分布（改自 Shang et al.，2022）

P. thomsonii：*Pueraria montana* var. *thomsonii*，粉葛；*O. sativa*：*Oryza sativa*，水稻；*G. max*：*Glycine max*，大豆；*S. brachista*：*Salix brachista*，小垫柳；*C. capsularis*：*Corchorus capsularis*，黄麻；*A. thaliana*：*Arabidopsis thaliana*，拟南芥；*C. melo*：*Cucumis melo*，甜瓜；*M. domestica*：*Malus domestica*，苹果；*M. charantia*：*Momordica charantia*，苦瓜；*P. vulgaris*：*Phaseolus vulgaris*，菜豆；*P. alba*：*Populus alba*，银白杨；*S. lycopersicum*：*Solanum lycopersicum*，番茄；*V. angularis*：*Vigna angularis*，赤豆；*V. vinifera*：*Vitis vinifera*，葡萄；*P. sativum*：*Pisum sativum*，豌豆；*T. cacao*：*Theobroma cacao*，可可；*V. unguiculata*：*Vigna unguiculata*，豇豆，图 6-3 同

系统进化分析表明，粉葛与大豆亲缘关系最近，两者在 20.1 个百万年前产生分化。通过同义核苷酸替换率（K_s）和 $4DT_V$ 分析，粉葛共经历两次全基因组加倍（WGD）事件，一次 WGD 事件是大豆与粉葛共有的，发生在 44.5 个百万年前；另一次 WGD 事件是在粉葛与大豆分化后，粉葛独自经历的，发生时间大致在 4.8 个百万年前（图 6-3，图 6-4）。

Shang 等（2022）通过对高葛根素 FG-19 和低葛根素 FG-39 进行转录组和代谢组分析，检测到 225 种差异代谢物（DMs），1814 个差异表达基因（DEGs），DMs 和 DEGs 的丰富功能类别重叠，都是与异黄酮和 ABC 转运相关的基因或代谢物。进一步分析代谢物与基因表达相关系数的结果表明，代谢物和基因在样本中高度相关，60%的显著相关性涉及上调的代谢物和下调或不变的基因，在 15%的显著相关性中，代谢物和基因表达的变化方向相同。此外，Shang 等（2022）在

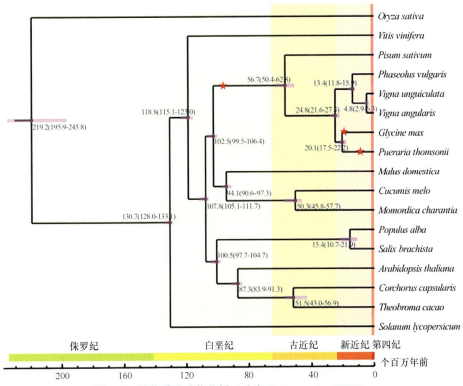

图 6-3 粉葛系统进化分析（改自 Shang et al.，2022）

Pueraria thomsonii 为粉葛（*Pueraria montana* var. *thomsonii*）

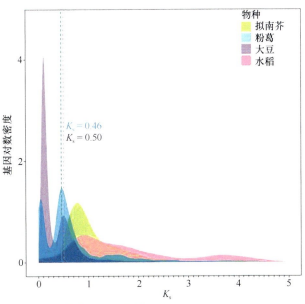

图 6-4 粉葛 WGD 分析（改自 Shang et al.，2022）

异黄酮生物合成途径中发现了大量上调的 DMs 和 DEGs，这充分解析了粉葛中异黄酮的生物合成途径。

通过同源基因搜索，Shang 等（2022）发现编码葛根素合成途径中关键酶的 9 个基因家族在粉葛中都有所扩张；通过分析糖基转移酶家族中催化糖基化修饰的基因，共鉴定出 104 个 GT 基因，有 13 个基因与 8-*C*-葡萄糖基转移酶（8-*C*-GT）同源，其中 6 个与先前报道的催化大豆苷元 *C*-糖基化为葛根素的 *PlUGT43* 基因同源；编码大豆异黄酮合酶（IFS）的基因（*CHR11G3854.1*）催化着葛根素合成的中间代谢物大豆苷元的合成，被鉴定为与葛根素的合成途径高度相关（图 6-5）。上述分析初步解析了粉葛中葛根素的生物合成途径。

综上，Shang 等（2022）通过构建高质量的粉葛基因组解析了粉葛基因组的进化特征；通过多组学分析深入解析了粉葛中重要次生代谢物异黄酮、葛根素等生物合成途径，填补了豆科植物的一个关键基因组缺口，从而为粉葛的资源利用、遗传育种等提供了宝贵的多组学资源和新的见解。同时，该研究将进一步推动全世界葛属植物的进化与分类研究，促进我国葛产业的科技进步，充分发挥基础研究源头供给作用，进一步推动粉葛产业的高质量发展。

2. 葛麻姆基因组解析

葛麻姆与粉葛和野葛相比，其生物学特性截然不同：葛麻姆块根葛根素含量极低甚至没有，块根不膨大，耐冷性特别强，生产速度快。葛麻姆基因组的解析有助于葛根素和淀粉的合成等关键代谢基因的挖掘和调控网络的构建，有助于揭示葛麻姆耐冷性的根本原因，在食品工业、医药工业、荒坡治理等领域有重要的应用前景。

Mo 等（2022）以葛麻姆 PM-12 为材料，采取 PacBio+Illumina+Hi-C 技术，获得组装葛麻姆基因组大小为 0.98Gb，conting N50 为 1.61Mb，91.11% 的基因组序列被挂载到 11 条染色体上，BUSCO 评估基因组完整性为 99.3%。通过注释，共预测得到 38 812 个编码基因，其中 94% 的基因都能得到功能注释，重复序列占比为 51.7%。系统发育树结果表明，葛麻姆和粉葛均与大豆亲缘关系最为接近，二者在约 1526 万年前进化为姐妹类群并分化（图 6-6）。比较基因组学分析表明，由于重复序列和重复基因较少，葛麻姆的基因组大小比粉葛的小（图 6-7）。进一步分析表明，葛麻姆和粉葛中鉴定出 13 643 个共性的基因家族和分别含有 6548 个和 4675 个品种特异性基因家族（图 6-8）。功能富集分析表明，葛麻姆中扩张的基因家族主要成员参与微管、细胞壁生物合成相关功能等，在应对非生物胁迫中发挥着重要作用。粉葛中与淀粉和蔗糖代谢，与黄酮苯丙烷和异黄酮生物合成相关的基因家族扩增，而在葛麻姆中收缩（图 6-9）。因此，Mo 等（2022）认为葛麻姆和粉葛中与生物活性代谢物和微管生物合成相关的基因品种特异性和扩张/

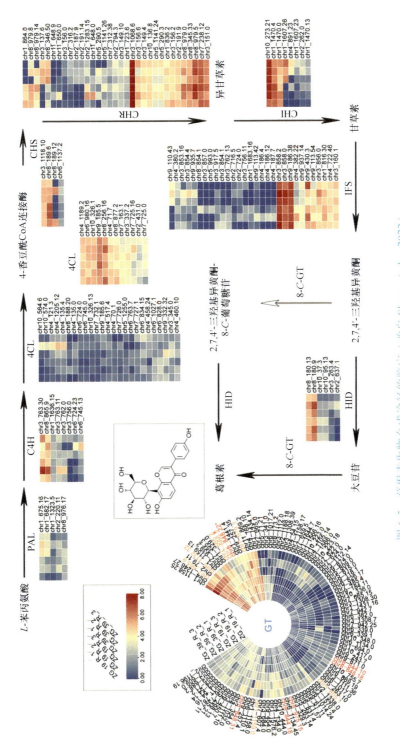

图6-5 葛根素生物合成途径的鉴定（改自 Shang et al., 2022）

PAL：苯丙氨酸解氨酶；C4H：肉桂酸-4-羟化酶；4CL：4-香豆酰 CoA 连接酶；CHS：查尔酮合成酶；CHR：查尔酮还原酶；CHI：查尔酮异构酶；HID：2-羟基异黄酮脱水酶

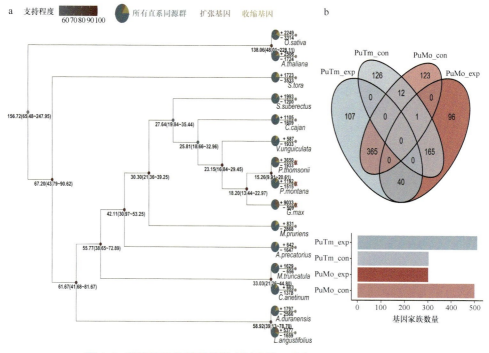

图 6-6　葛麻姆及粉葛系统发育树比较（改自 Mo et al.，2022）

a. 基于单拷贝直系同源基因构建的系统发育树（使用拟南芥和水稻作为外群）；b. 葛麻姆和粉葛中扩张/收缩的基因家族重叠情况及总数。维恩图显示了在葛麻姆（分别表示为 PuMo_exp 和 PuMo_con）和粉葛（分别表示为 PuTm_exp 和 PuTm_con）中显著（$P<0.05$）扩张/收缩的基因家族的重叠情况，条形图显示了显著（$P<0.05$）扩张/收缩基因家族的总数。A. precatorius：Abrus precatorius，相思豆；A. duranensis：Arachis duranensis，蔓花生；C. cajan：Cajanus cajan，木豆；C. arietinum：Cicer arietinum，鹰嘴豆；G. max：Glycine max，大豆；L. angustifolius：Lupinus angustifolius，狭叶羽扇豆；M. pruriens：Macroptilium pruriens，刺毛黧豆；M. truncatula：Medicago truncatula，蒺藜苜蓿；P. thomsonii：Pueraria montana var. thomsonii，粉葛；P. montana：Pueraria montana var. montana，葛麻姆；S. tora：Senna tora，决明；S. suberectus：Senna suberectus，密花豆；V. unguiculata：Vigna unguiculata，豇豆；O. sativa：Oryza sativa，水稻；A. thalinana：Arabidopsis thaliana，拟南芥，图 6-7 和图 6-8 同

收缩是导致葛麻姆和粉葛代谢和冷适应特征不同的原因。此外，基于 11 个葛麻姆种质构建了图形基因组，研究者共鉴定出 92 个结构变体，其中大部分与应激反应有关（图 6-10）。葛麻姆染色体水平基因组和图形基因组的公布不仅有利于葛的进化和代谢调控的研究，还促进了葛的育种研究。

3. 野葛基因组解析及葛属植物的遗传多样性分析

野葛与粉葛一样，也应用广泛，为药食同源两用植物。但目前，野葛还未实现规模化种植，尚处于破坏性采挖野生资源阶段。与粉葛相比，野葛葛根素含量较高。《中华人民共和国药典》（2020 年版　一部）规定，粉葛中葛根素含量不得低于 0.3%，野葛中葛根素含量不得低于 2.4%。解析野葛的基因组信息可以进一步增强对葛属植物分类的研究，揭示葛属物种间的进化关系，也为挖掘葛根素合

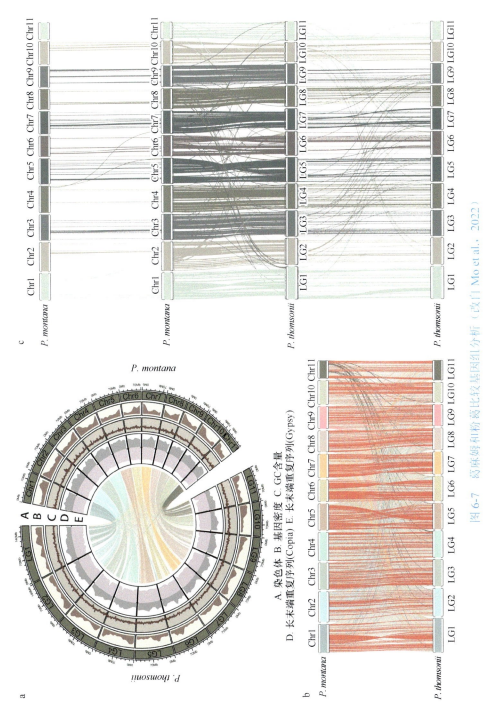

图 6-7　葛麻姆和粉葛比较基因组分析（改自 Mo et al., 2022）

a. 葛麻姆和粉葛基因组内基因组特征的分布。b. 葛麻姆和粉葛之间的结构变异。葛麻姆和粉葛基因组间的结构变异。c. 葛麻姆和粉葛基因组内共线性的分布和易位，包括倒位和易位（大于 10kb）；灰线代表正常的共线性。红线显示染色体内倒位，而其他颜色显示每个染色体的染色体间的分布

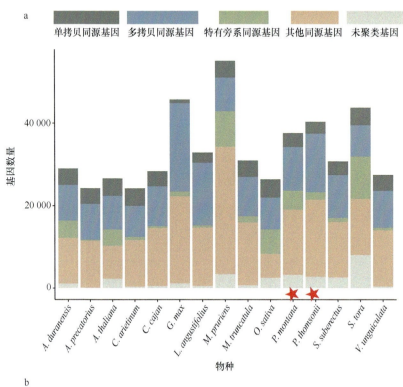

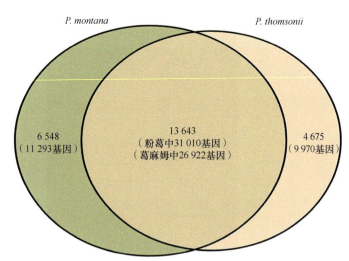

图 6-8　葛麻姆和粉葛基因家族分析（改自 Mo et al.，2022）

a. 不同物种中包含不同特征基因的数量。★标记了本研究中两个重要物种（葛麻姆和粉葛）；b. 葛麻姆和粉葛之间共有和非共有基因家族的数量，以及这些家族中包含的基因数量

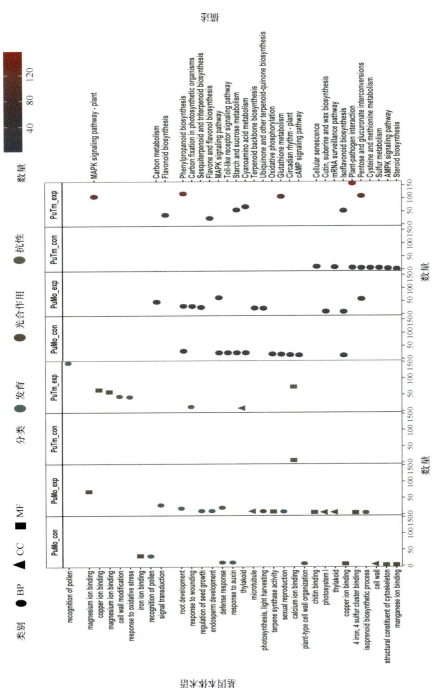

图 6-9　葛麻姆及粉葛基因功能富集分析（改自 Mo et al.，2022）

BP：生物过程；CC：细胞组分；MF：基因功能

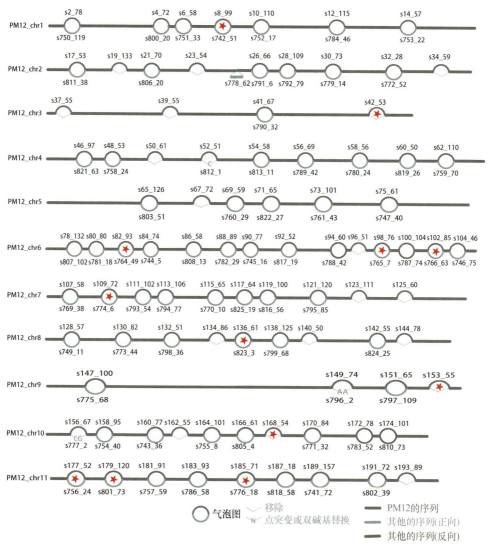

图 6-10　葛麻姆图形基因组（改自 Mo et al.，2022）
★代表突出显示发生在基因体内的结构变异

成代谢相关基因及葛属植物育种提供重要的参考。

　　Huang 等（2024）以野葛 YG-19 为材料，采用 PacBio+Illumina+Hi-C 测序技术，并使用牛津纳米孔技术（Oxford Nanopore Technologies，ONT）超长读数填补了基因组中的空缺，获得首个野葛 T2T 基因组。构建的野葛基因组大小为1.05Gb，91.69% 的序列锚定到 11 条染色体上（图 6-11），其中含有 7 条无空缺的染色体。Conting N50 为 79.94Mb，scaffold N50 为 86.86Mb，BUSCO 评估基因组完整性为 98.9%。通过注释，共预测得到 38 386 个编码基因，其中 97.27% 的基因

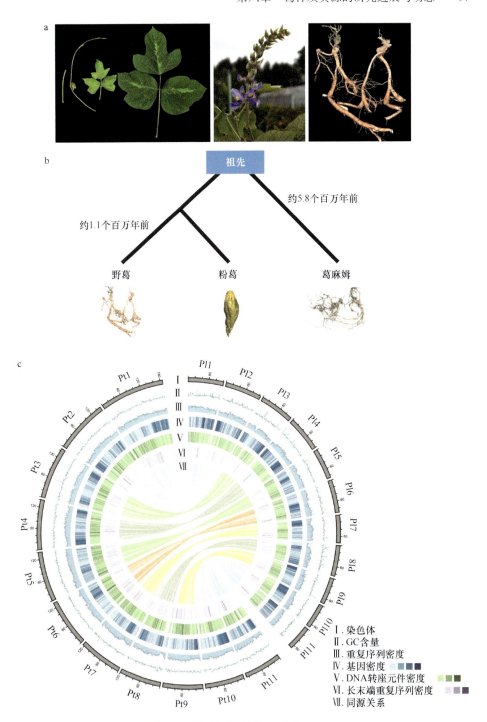

图 6-11　野葛的形态学和基因组特征（改自 Huang et al.，2024）

a. 野葛的形态特征；b. 野葛、粉葛和葛麻姆的进化关系及其分化时间；c. 野葛和粉葛的基因组特征概览

能得到功能注释。同时，Huang 等（2024）对先前 Shang 等（2022）发布的粉葛基因组进行了去冗余处理，得到一个改进版本的粉葛基因组，大小为 1.03Gb，scaffold N50 为 98.03Mb。

比较基因组和进化分析表明，野葛和粉葛共享大多数基因家族，二者之间的进化关系更为密切，野葛和粉葛的共同祖先与葛麻姆大约在 5.8 个百万年前产生分化，葛属植物与大豆大概在 15.3 个百万年前产生分化。基因功能富集结果表明，野葛和粉葛的共同祖先中，异黄酮、黄酮、黄酮醇生物合成相关的基因家族显著扩张，而葛麻姆中不存在，表明扩张基因家族在提高野葛及粉葛的药用特性方面具有潜在的作用。通过 K_s 分析发现，粉葛对野葛的 K_s 峰值大大低于粉葛对葛麻姆的 K_s 峰值和野葛对葛麻姆的 K_s 峰值，进一步证实了野葛和粉葛更为密切的亲缘关系（图 6-12）。

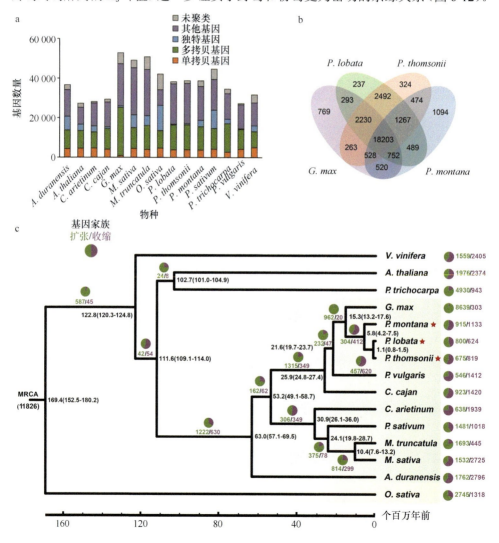

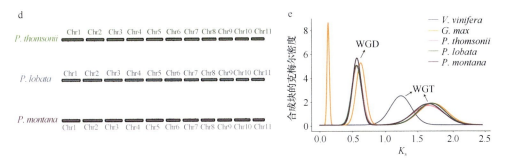

图6-12　基因组比较和进化分析（改自 Huang et al.，2024）

a. 15 个代表性物种中每个类别的基因数量。b. 维恩图显示了野葛、粉葛、葛麻姆和大豆之间共有和独特的基因家族数量。c. 系统基因组分析和基因家族的扩张/收缩；节点上的数字代表物种分化时间，括号内列出了置信区间。d. 葛属 3 个变种之间的基因组共线性。e. 五个选定物种中共线性同源基因的同义核苷酸替换率曲线。在葛属中发生的估计全基因组复制（WGD）和全基因组三倍化（WGT）事件被突出显示。A. duranensis：Arachis duranensis，蔓花生；C. cajan：Cajanus cajan，木豆；C. arietinum：Cicer arietinum，鹰嘴豆；G. max：Glycine max，大豆；M. sativa：Medicago sativa，紫苜蓿；M. truncatula：Medicago truncatula，蒺藜苜蓿；P. thomsonii：Pueraria montana var. thomsonii，粉葛；P. montana：Pueraria montana var. montana，葛麻姆；P. lobata：Pueraria montana var. lobata，野葛；O. sativa：Oryza sativa，水稻；A. thaliana：Arabidopsis thaliana，拟南芥；V. vinifera：Vitis vinifera，葡萄；P. sativum：Pisum sativum，豌豆；P. vulgaris：Phaseolus vulgaris，菜豆；P. trichocarpa：Populus trichocarpa，毛果杨。MRCA：最近的共同祖先（most recent common ancestor）

对 62 份野葛、48 份粉葛及 11 份葛麻姆进行群体结构分析，结果显示，第一组为所有的葛麻姆；第二组包括所有的野葛和 9 份大叶粉葛材料，可能是由于驯化或品种发育过程中广泛杂交或野生渗入造成的；第三组包括 53 份粉葛材料，其中所有的小叶粉葛都聚为此类，但该组材料的遗传结果与地理分布无关，表明该组材料可能经历了强烈的人工选择。群体结构分析暗示粉葛可能是从种群结构更复杂的野葛中驯化而来的。驯化过程中的基因组多样性和选择特征表明，粉葛中与生长素和赤霉素合成相关的基因经历了强大的选择压力，可能在粉葛块根膨大和高淀粉积累的驯化过程中发挥了重要作用（图6-13）。

综上，Huang 等（2024）构建了首个野葛 T2T 基因组，解析了野葛与粉葛、葛麻姆的基因组差异及进化特征，从基因组角度提出粉葛可能是从野葛中驯化而来。该研究为葛属的进化史及葛属植物与其他物种的关系提供了宝贵的见解。

（二）葛根素等异黄酮类化合物分子机制研究

葛根素是葛属植物所特有的异黄酮化合物，是葛根中最重要的功效因子，化学名为 7,4'-二羟基-8-C-β-D-吡喃葡萄糖异黄酮（7,4'-dihydroxy-8-C-β-D-glucopyranosyl isoflavone）（张彬和向纪明，2015），分子式为 $C_{21}H_{20}O_9$。植物异黄酮化合物上游生物合成途径相对保守，主要包含苯丙烷途径、黄酮途径和异黄酮途径。在苯丙烷途径中，前体苯丙氨酸（phenylalanine）经苯丙氨酸解氨酶（phenylalanine ammonia-lyase，PAL）、肉桂酸-4-羟化酶（cinnamate 4-hydroxylase，

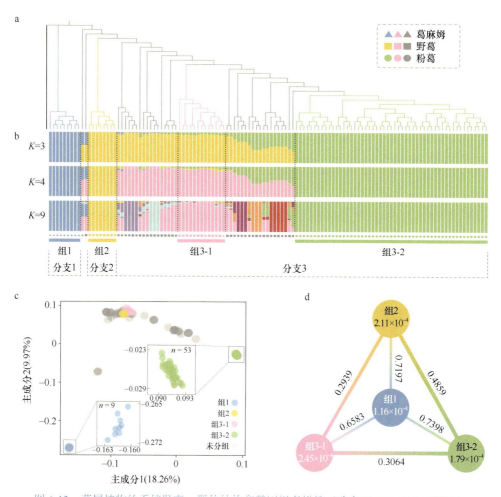

图 6-13 葛属植物的系统发育、群体结构和基因组多样性（改自 Huang et al.，2024）

a. 121 个葛属样本的最大似然系统发育树，以大豆作为外群。分支的不同颜色代表不同的群体或亚群。b. 基于模型的聚类分析，展示了不同数量的群体或亚群。每个垂直条代表一个个体，彩色段代表祖先成分的比例。c. 主成分分析图，展示了前两个主成分。不同群体或亚群的颜色与系统发育树中的颜色相对应。组 1 群体和组 3-2 亚群的更详细的主成分和数量在放大视图中分别展示。d. 四个群体/亚群之间的核苷酸多样性和遗传分化指数。圆圈中的值为群体或亚群的核苷酸多样性度量值，两群体/亚群之间的值为遗传分化指数

C4H）和 4-香豆酰 CoA 连接酶（4-coumaryl-CoA ligase，4CL）催化后转化为 4-香豆酰-CoA（4-coumaryl-CoA）；在黄酮途径中，4-香豆酰-CoA 与 3-丙二酰辅酶 A（3-malonyl-CoA）经查尔酮合成酶（chalcone synthase，CHS）、查尔酮还原酶（chalcone reductase，CHR）、查尔酮异构酶（chalcone isomerase，CHI）催化生成黄酮类化合物基本骨架；最后，进入异黄酮途径，经异黄酮合酶（isoflavone synthase，IFS）、2-羟基异黄酮脱水酶（2-hydroxyisoflavanone dehydratase，HID）催化及一系列糖基化酶、乙酰基化酶、甲基化酶作用修饰后存储在液泡中（Falcone et al.，2012；李兆波，2013；Wang et al.，2017）。异黄酮化合物下游生物合成途径通常包含一些修饰代谢酶，主要由羟化酶、糖基转移酶、异戊烯转移酶以及甲基转移酶等组成（Sasaki et al.，2011；Choi et al.，2012；Ruby et al.，2014；Uchida et al.，2020），这些修饰代谢酶极大程度地影响了异黄酮终产物的药用价值，其功效也因修饰碳位点、修饰基团结构、修饰基团连接方式的不同而不同，比如，大豆苷元异黄酮前体物质被异戊烯化后，其生物活性发生显著改变，随着异戊烯化位点以及异戊烯化程度的不同，大豆苷元选择性结合的雌性激素受体也有所不同，从而赋予了大豆苷元独特的生物活性（Simons et al.，2012）。

葛根素作为葛属植物特有的异黄酮化合物，其合成途径具有物种特异性。葛根素是 C-糖基转移酶修饰的异黄酮化合物，但人们对其 C-糖基化分子机制的认识尚浅。糖基化是异黄酮合成的一个重要过程，主要受糖基转移酶 1 家族（GT1）催化，根据受体分子的糖基化位点分类，通常分为 O-糖基转移酶、N-糖基转移酶、C-糖基转移酶和 S-糖基转移酶。葛根素是依赖糖基转移酶 C-糖基化修饰的异黄酮化合物，具有特殊的理化性质和生物活性，但其异黄酮苷 C-糖基化修饰的分子机制尚不清楚。前人通过碳 14 同位素示踪对葛根素合成的糖基化模式展开了研究，结果表明，野葛葛根素可由 8-C-葡萄糖基转移酶催化异甘草素 C-糖基化修饰后形成碳苷前体，再经 IFS、HID 催化形成葛根素，而大豆苷元不是葛根素合成的直接前体，但该假说并未进行进一步验证（Inoue and Fujita，1977；Chen et al.，2010）。Han 等（2015）比较了野葛 5 种组织（叶、成熟根、根的维管束、幼根、茎）的基因表达谱与大豆苷元和葛根素的含量，指出大豆苷元和葛根素合成早期步骤主要发生在幼根中，部分编码合成酶基因家族成员表达量高，当合成前体转移至其他部位或者随着野葛的发育，上述基因表达量降低，而相关酶其他基因家族成员表达量增加，导致各器官之间大豆苷元和葛根素的积累差异，这暗示了野葛不同部位、不同发育时期的葛根素合成途径关键酶结构基因的表达存在差异。Wang 等（2017）提出新的葛根素合成糖基化假说，认为葛根素可直接由野葛尿苷二磷酸糖基转移酶 43（*PlUGT43*）催化大豆苷元 C-糖基化合成，但该研究仅在体外和大豆体内验证，并未在葛属植物体内验证，Duan 等（2022）指出该假说在粉葛中并不成立。综上所述，人们对葛根素 C-糖基化修饰的分子机制认识尚浅，仍需进一步探究。

目前，编码葛根异黄酮合成途径关键酶结构基因家族成员被陆续克隆。研究者在野葛中克隆得到长 1455bp 的 *CHS* 基因，其中包括完整的 ORF 框 1170bp，预测所编码的蛋白质大小约 43kD（Nakajima et al.，1996）。此外，还有研究者克隆了野葛的查尔酮还原酶（*pl-chr*）基因，过表达该基因能改变转基因烟草中花青素和 5′-脱氧异黄酮的生物合成（Joung et al.，2003）。周文灵等（2009）利用 cDNA 末端快速扩增法（RACE）从野葛中克隆到葡萄糖基转移酶基因 *PlUGT3* cDNA 序列，*PlUGT3* 在葛根和叶中均表达，并且两者表达量没有明显差别，可能是组成型表达。Chen 等（2010）利用(NH₄)₂SO₄饱和法从葛根中提取并部分纯化 *C*-葡萄糖基转移酶，并首次在野葛中检测到将异甘草素转化为葛根素的葡萄糖基转移酶的活性。He 等（2011）鉴定出 15 个 I 族糖基转移酶（UGTs），并确定了 UGTs 在异黄酮糖基化中具有潜在的功能，其中 6 个是异黄酮 *O*-糖基转移酶和异黄酮 *C*-糖基转移酶的候选者。刘吉升等（2011）从葛根中提取糖基转移酶，分离后筛选出 6 个可能为糖基转移酶的蛋白质，为糖基转移酶在葛根素生物合成中作用的研究奠定了基础。Wiriyaampaiwong 等（2012）在泰葛中克隆了 *PcIFS* 基因，并在植物的叶、茎和根中都检测到 *PcIFS* 的表达，且表达水平受到低温和高温胁迫以及 B 型紫外线（UV-B）和创伤处理的诱导。郑敏婧等（2013）通过对葛中 *PlUGT1*、*PlUGT2* 和 *PlUGT3* 3 种葡萄糖基转移酶进行同源建模及相关底物的作用位点分析，发现 *PlUGT1*、*PlUGT2* 与大豆苷元、异甘草素及尿苷二磷酸-葡萄糖均能得到较好的对接构象，而 *PlUGT3* 未能与底物得到较好的对接构象，推测 *PlUGT1* 和 *PlUGT2* 均能催化合成葛根素，而 *PlUGT3* 不能催化合成葛根素。苟君波等（2013）克隆到葛异黄酮合酶基因，命名为 *PllFS*，功能验证表明 *PllFS* 能催化甘草素生成大豆苷元，表现出异黄酮合酶活性特征。荧光定量 PCR 分析表明，*PllFS* 基因主要在根中表达，这与活性物种异黄酮主要在葛根中的积累模式一致。Li 等（2014a）从葛根中分离出糖基转移酶 *PlUGT1* 和 *PlUGT13*，可催化大豆苷元、染料木素和芒柄花素分别转化成大豆苷、染料木苷和芒柄花苷。Li 等（2014b）从野葛中分离了 *4CL1*、*4CL2* 基因序列，并通过体外酶活实验推测了该基因对 4-香豆酸和反式肉桂酸合成的作用。孙丽丽（2016）克隆并得到 13 个糖基转移酶基因（*PlGT6*～*PlGT18*）全长，通过原核表达和体外催化功能的验证表明，*PlGT7* 是一种具有催化可逆性和较高催化活性及较高底物杂泛性的新颖糖基转移酶。Wang 等（2016）从葛根中克隆出 *PlUGT2*，研究发现 *PlUGT2* 对各种异黄酮受体具有活性，可催化染料木黄酮转化为染料木素。付晓雯（2017）利用转录组测序在野葛中找到 140 多个 *UGT* 基因序列，选定 8 个目标基因进行了克隆分析，发现 *GT4* 是特异性识别异黄酮并高效催化 *GT4* 合成 7-*O*-葡萄糖苷的糖基转移酶基因，具有糖基转移酶活性，可有效催化大豆苷元、染料木素、芒柄花素及黄豆黄素合成对应的异黄酮 7-*O*-葡萄糖苷；同时，与野葛中已经鉴定功能的基因进行序列比对，发现 *GT4* 与 *PlUGT1* 的同源性最高。Wang 等（2019）通过转录组数据从野葛中鉴定了 3 种新型 UDP-糖基转移酶（*PlUGT4*、*PlUGT15* 和 *PlUGT57*）。这 3 种重组 *PlUGT* 的生化分析表明，3 种重组 *PlUGT* 都能够在体外将异黄酮（染料木素和大豆苷元）的 7-羟基位置糖基化，*PlUGT15* 对异黄酮（染料木素和大豆苷元）的催化效率高得多。此外，这些 *PlUGT* 的转录表达模式与茉莉酸甲酯处理的野葛中异黄酮糖苷的积累相关，表明它们在糖基化过程中可能具有体内作用。羽健宾等（2021）成功克隆到粉葛 *CHS* 基因 *PtCHS*，该基因与 *CHI*、*C4H* 及 *REDUCTASE*

发生互作的可能性较大。由此可见，尽管从葛中克隆出许多与异黄酮相关且均编码 O-糖基转移酶的基因，但这些基因并不参与葛根素的合成。目前，仅有 1 个负责葛根素合成的修饰酶基因 *PlUGT43* 被克隆到，*PlUGT43* 编码野葛 C-糖基转移酶在大豆中具有将大豆苷元 C-糖基化为葛根素的功能（Wang et al.，2015，2017）。Duan 等（2022）从粉葛中克隆了野葛 *PlUGT43* 的同源基因 *PtUGT8*，体外酶活性验证结果表明，粉葛 *UGT8* 并没有催化大豆苷元合成葛根素的活力，表明 *PtUGT8* 不是粉葛葛根素合成的关键调控基因。调控粉葛葛根素 C-糖基化修饰的分子机制与调控野葛葛根素 C-糖基化修饰的分子机制是否一致，仍需进一步研究。

异黄酮的合成不仅受结构基因的影响，还受到这些结构基因上游转录因子的调控。转录因子（transcription factor，TF）又称反式作用分子，可直接或间接通过与启动子区域中的顺式作用元件特异结合来激活或抑制目的基因的转录水平，进而调节次生代谢物含量（Falcone et al.，2012），因此，挖掘转录因子调控葛根素生物合成是有效的基因工程手段。迄今为止，已经有许多与黄酮、异黄酮代谢相关的转录因子（包括 MYB、bHLH、WD40 等）被鉴定。MYB 转录因子是植物中最大的转录因子家族，在药用植物中作为调节蛋白质主要参与黄酮类化合物的代谢（Cao et al.，2020；段童瑶等，2020），尤其是 R2R3 类型的 MYB 转录因子可以调控异黄酮合成途径上的多个酶基因的转录（Du et al.，2012；Shelton et al.，2012）。此外，MYB 转录因子既可单独调控黄酮合成，也可与其他转录因子形成复合体发挥作用。目前葛中部分可能调控黄酮类化合物合成的转录因子被克隆和鉴定，但聚焦调控葛根素合成的转录因子的报道较少（Suntichaikamolkul et al.，2019；Wang et al.，2021）。利用转录组测序技术发现粉葛 *MYB39* 的组织特异表达模式与 *CHS*、*CHI*、*IFS*、*IF7MAT*、*PlUGT43* 的表达模式呈负相关，*MYB39* 可能是调控异黄酮合成关键酶结构基因启动子转录活性的候选基因（He et al.，2019）。吴然然（2015）通过对野葛转录组测序数据进行系统的序列和进化分析，发现 *PlMYB1*、*bHLH3-4*、*WD40-1* 可能与葛根素的合成有关。*PlMYB1* 在拟南芥异源表达时激活 *AtDFR*、*AtANR* 和 *AtANS* 的表达，进而促进种子花青素和叶片花青素的积累（Shen et al.，2021），但 *PlMYB1* 调控葛根素合成的功能仍需进一步验证。Wang 等（2021）通过对野葛的根、茎、叶进行转录组测序，鉴定出便于与异黄酮生物合成相关的关键酶，包含 *IF7GT* 和转录因子等多个基因，反转录聚合酶链反应（RT-PCR）结果与转录组分析结果一致，可为调控葛异黄酮途径候选基因挖掘奠定基础。2022 年，自广西壮族自治区农业科学院经济作物研究所解析的粉葛基因组数据公布后，研究者逐渐开展了基于基因组数据挖掘葛根素合成调控相关转录因子或调控基因的研究。Wu 等（2023）基于粉葛全基因组数据，鉴定和分析了粉葛 R2R3-MYB 转录因子家族，结合葛根素品质和基因表达模式进行了关联分析，筛选出 21 个 *PtR2R3-MYB* 基因和 25 个结构基因用于验证基因表达，并利用定量反转录 PCR（qRT-PCR）分析技术进一步探究筛选出的基因对茉莉酸甲酯和谷胱甘肽（GSH）处理的反应。相关性分析和顺式作用元件分析表明，6 个 *PtR2R3-MYB* 基因（*PtMYB039*、*PtMYB057*、*PtMYB080*、*PtMYB109*、*PtMYB115* 和 *PtMYB138*）和 7 个结构基因（*PtHID2*、*PtHID9*、*PtIFS3*、*PtUGT069*、*PtUGT188*、*PtUGT286* 和 *PtUGT297*）直接或间接调控 ZG11 葛根素的生物合成（图 6-14）。此外，茉莉酸甲酯和 GSH 处理 12～24h 后，大多数候选基因的表达变化与葛根素生物合成的相关性一致，表明茉莉酸甲酯与 GSH 的处理具有通过调节 ZG11 中基因表达来介导葛根素合成的潜力。最后联合分析候选基因启动子顺式作用元件、根茎叶表达模式、外源茉莉酸甲酯和 GSH 诱导基因表达模式，提出了粉葛葛根素合成的调控网络（图 6-15）。Xi 等（2023）基于粉葛基因组数据、基因表达数据、基因共表达网络和系统发育联合分析发现了几种可能参与野葛中葛根素生物合成的 C-GT 和 123 个可能调节异黄酮（如葛根素）生物合成的 *PlMYB* 候选基因（图 6-16）。

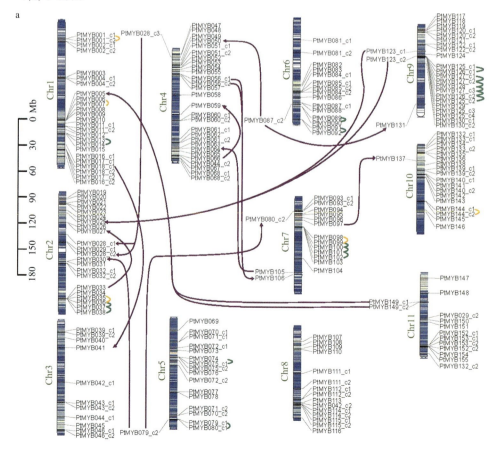

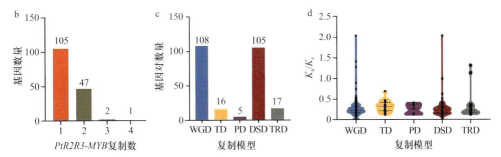

图 6-14　*R2R3-MYB* 基因在粉葛 11 条染色体上的分布（改自 Wu et al.，2023）

a. 11 条染色体中 *PtR2R3-MYB* 基因的分布。串联重复和近端重复的基因分别用绿色和黄色线标出。转座重复的基因用紫色线标出，箭头指向转座基因。b. 不同拷贝数的 *PtR2R3-MYB* 基因数量。c. 不同复制模式的 *PtR2R3-MYB* 基因对的数量。d. 不同复制模式衍生的基因对的 K_a（非同义核苷酸替换率）/K_s 值。中心线是中位数；下虚线代表 1/4 处，上虚线代表 3/4 处。WGD：全基因组复制；TD：串联复制；PD：近端复制；DSD：分散复制；TRD：转座复制

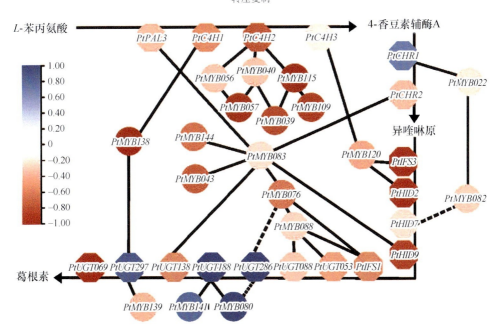

图 6-15　*PtR2R3 MYBs* 基因和结构基因在 ZG11 葛根素生物合成调控中的作用（改自 Wu et al.，2023）

（三）葛根生长发育相关基因克隆

除对葛根素等主要有效活性成分的合成相关基因的研究外，也有许多学者对葛根的膨大机制和淀粉合成相关基因进行了一系列研究。刘冬梅等（2012）利用 cDNA-AFLP 技术对葛块根膨大的野生型和突变型发育过程的基因进行了表达差异分析，筛选出 5 个特异表达片段，其中有 4 个特异性序列普遍参与了抗胁迫应

热图(MYB异黄酮)

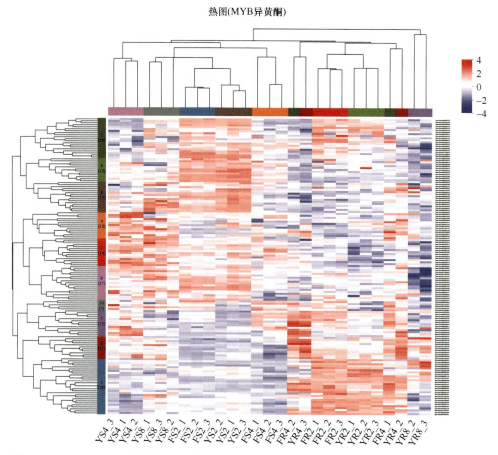

图6-16 123个 *PlMYB* 在野葛不同生长阶段的根和茎中表达的聚类分析（改自 Xi et al., 2023）

答、信号传导、光合代谢和电子传递等反应，说明葛块根的膨大是由多个功能不同的基因共同参与控制的。郭丽君（2018）为提高葛根产量和品种改良，克隆了葛根淀粉合成关键酶（AGPase）小亚基基因（*sAGP*）和大亚基基因（*LAGP*），*sAGP* 基因长 1679bp，编码 463 个氨基酸；*LAGP* 基因长 1273bp，编码 307 个氨基酸，且大小亚基基因在葛根各时期均存在组织特异性；进一步发现农艺性状、光和参数分别与淀粉合成过程中的淀粉关键酶活性变化、*AGPase* 基因表达的变化存在密切相关性，推测葛通过自身信号网络互作来调控 *AGPase* 基因表达变化，从而调控淀粉合成关键酶活性变化，进而影响淀粉成分及含量变化，最后对块根根长、根粗、单株重和产量产生影响。

（四）葛代谢组相关研究

植物的营养质量主要取决于它们的初级代谢产物，如氨基酸、核苷酸、多糖、脂类和维生素，而次级代谢产物含有对人体健康有很大影响的生理活性物质。葛属的所有物种都含有不同含量的生物活性类黄酮和异黄酮，包括山柰酚、金合欢素、葛根素、大豆苷元和金雀异黄酮，它们具有清除自由基的功能，并显示出许多药理特性。近年来，对葛的研究主要集中在淀粉、矿质元素和一些特定的次生代谢产物（如葛根素）的差异上。随着代谢组学的发展及其在许多植物中的成功应用，在了解葛种之间影响其营养和药用品质的代谢物的差异方面，作者进行了广泛靶向代谢组学分析。

根据营养和药用品质，野葛和粉葛属于高营养和药用价值（HNMV）组，葛麻姆属于低营养和药用价值（LNMV）组。为了更好地了解葛种间的营养和药用品质的差异，Shang 等（2021）对葛种 3 个变种进行了广泛靶向的 UPLC-MS/MS 代谢物分析，总共鉴定出 614 种代谢物，其中有大量可能有助于营养质量的初级代谢物，以及可能有助于药物质量的次级代谢物。结果表明，野葛中丁香树脂-4'-O-葡萄糖苷和二异荜酰葡萄糖苷含量较高；而粉葛具有更高含量的甘草香豆素和 2-羟基腺苷；葛麻姆中的对香豆酰腐胺、三萜素-7-O-(6″-丙二酰)-葡萄糖苷和黄豆黄苷含量较高。可见，在特定品种中发现的特定化合物可用于区分葛变种。

为了检验 3 个葛变种之间的所有代谢组学差异以及 HNMV 组和 LNMV 组之间的变异性，Shang 等（2021）对来自 614 种代谢物的数据集进行了主成分分析。主成分分析清晰地将 3 个葛变种和质量控制（QC）样品分开，显著性为 0.01，重复样品收集紧密，表明实验的可重复性和可靠性。主成分分析显示，3 个葛变种之间存在显著的代谢组学差异。

为了进一步确定组内样品之间代谢物组成的差异，Shang 等（2021）采用了 OPLS-DA 模型来放大不同组之间的差异。所有比较组的 Q2 值均超过 0.9，证明这些模型稳定可靠，可用于进一步筛选差异代谢物。然后，根据来自 t 检验的 P 值均小于 0.05 且 VIP 值大于等于 1.0，鉴定出 127 种显著不同的代谢物，其中 HNMV 组比 LNMV 组上调了 83 种代谢物，下调了 44 种代谢物，包括氨基酸、核苷酸、糖类、酚酸、异黄酮、有机酸和香豆素类等 11 个类别。随后，Shang 等（2021）对这些差异代谢物进行了 KEGG（京都基因与基因组百科全书，Kyoto encyclopedia of genes and genomes）途径富集分析，结果显示，HNMV 组和 LNMV 组之间的差异代谢物在异黄酮、酚丙酸、维生素和精氨酸的生物合成途径中显著富集。

基于 $\log_2 FC$ 和 VIP 值筛选出的 HNMV 组和 LNMV 组之间的 83 种上调物质中有 33 种初级代谢物，包含 12 种氨基酸、8 种核苷酸、7 种糖、4 种脂质和 2 种维生素。其中，大多数核苷酸和糖类的含量在 HNMV 组明显大于 LNMV 组（$\log_2 FC \geq 3$），而大多数氨基酸、脂质和维生素的含量表现出差异（$1 \leq \log_2 FC \leq 3$），表明这些初级代谢物参与了 HNMV 组和 LNMV 组之间的营养差异。其余，50 种次级代谢物包含 14 种酚酸、11 种黄酮类化合物、8 种有机酸、7 种香豆素、5 种异黄酮、2 种生物碱、1 种木脂素、1 种醌和 1 种萜类化合物。其中，HNMV 组的大部分异黄酮、酚酸、香豆素和生物碱的含量显著高于 LNMV 组的（$\log_2FC \geq 3$），而大多数有机酸和木脂素的含量表现出差异（$1 \leq \log_2FC \leq 3$）。此外，Shang 等（2021）鉴定的黄酮和异黄酮大多是芹菜素、金合欢素、山奈酚、葛根素、刺芒柄花素和金雀异黄酮的糖基衍生物。

《中华人民共和国药典》（2020 年版　一部）中记录野葛和粉葛都具有很高的药用价值。Shang 等（2021）研究证实这两个变种在物质基础和功效方面有相当大的差异。野葛和粉葛中共有 225 种差异代谢产物，其中野葛中 172 种代谢产物含量较高，53 种代谢产物含量较低。结果表明，两者的营养价值差别不大。此外，野葛中 122 种上调的次生代谢产物包括 35 种黄酮类化合物、28 种异黄酮、27 种酚酸、14 种萜类化合物、8 种有机酸、6 种香豆素和 4 种生物碱，野葛中 32 种下调的次生代谢产物包括 12 种黄酮类化合物、5 种异黄酮、6 种酚酸、3 种萜类化合物、3 种有机酸、1 种香豆素、2 种生物碱。具体来说，大部分上调的黄酮类化合物和异黄酮是芹菜素、山奈酚、柚皮素、黄豆苷、刺芒柄花素、金雀异黄酮、樱黄素及其糖基和甲基衍生物，大部分上调的萜类是大豆皂苷。这些次生代谢产物可能是两个变种药效差异的物质基础（Shang et al.，2021）。

（五）其他

姚怡玮等（2019）通过生物信息学方法预测了葛中 34 条保守的 miRNA，预测出 66 个具有明确功能的靶基因，其中 28 个为抗病蛋白，其余则主要参与葛体内信号转导、转录调节、防御反应、物质运输等多种生物学过程。Guo 等（2020）利用高通量测序技术研究了葛对硒刺激反应的分子机制，结果显示，14 个硫酸转运蛋白、16 个结构基因和 13 个磷酸转运蛋白可能参与了葛植物体内的硒代谢，32 个结构基因与异黄酮合成有关。Guo 等（2020）还对亚硒酸钠处理后的数据进行了分析，获得 4246 个差异表达基因，其中 5 个磷酸转运蛋白基因和 1 个硫酸转运蛋白基因参与了硒代谢，9 个与异黄酮生物合成有关的结构基因上调。通过转录分析，Guo 等（2020）认为，在葛栽培中，亚硒酸钠和磷肥的吸收可能是相互竞争的，建议在培育富硒植物时，不同时施用亚硒酸钠和磷肥。

第三节　葛种质资源的发展方向

一、重视和加强葛种质资源的收集和保护

由于人类社会活动和环境加剧变化，许多野生葛资源正遭受破坏，但葛类植

物的资源依然丰富，它们在不同地区展现出多样的生态适应性和遗传特性。未来葛种质资源的收集和保护应当聚焦于以下几个关键点：①加大力度对现存的葛种质资源进行全面的调查和评估，识别并保护那些具有独特价值的种质资源；②建立和完善种质资源库，采用现代生物技术手段，如 DNA 条形码和分子标记技术等，确保资源的准确鉴定和安全保存；③加强国际合作，共享种质资源信息，促进全球范围内的保护和利用。

二、构建和完善葛种质资源共享平台

葛种质资源共享平台的构建具有重要意义。通过建立标准化的资源数据库，研究者可以高效地记录和追踪葛种的遗传多样性，为科研和育种提供坚实的数据支撑。同时，利用现代信息技术，如区块链和人工智能，可增强平台的安全性和智能化水平，确保资源的可追溯性和准确性。此外，平台应促进国际合作，通过跨国界的资源共享，加速优良品种的选育和推广。最终，通过平台的建设和应用，研究者能够更有效地保护和利用葛种质资源，为农业的可持续发展贡献力量。

三、先进技术手段的全面系统应用

现代技术手段正以前所未有的速度深入到作物种质资源研究的各个方面，特别是随着分子生物学的快速发展，葛种质资源研究将朝着多元化、系统化、综合化、科技化等方向发展。除常规的自交育种、杂交育种、诱变育种、倍性育种外，通过分子标记、细胞学、生物信息学、基因组学、转录组学、代谢组学等生物技术开展葛分子标记开发、葛根素等重要性状关键基因挖掘、基因编辑等研究，筛选调控葛异黄酮合成代谢关键候选基因并进行分子育种，将在葛种质资源和育种创新研究显示出巨大的优越性。

第七章　葛产业及其开发利用

联合国粮食及农业组织等众多的权威机构预测葛有望成为世界第六大粮食作物，整个国际市场葛制品的消费正日益兴起。作为重要的药食同源作物，葛具有良好的医疗和保健功效，同时又可制作成各类葛制品，在人们日常生活中起到越来越重要的作用。同时，随着我国农业供给侧结构性改革的推进，特色农业产业发展如火如荼。发展特色农业产业是我国农业结构战略调整的要求，是提高我国农业产业国际竞争力的条件，是增加农民收入的迫切需要，也是构建大农业观、大食物观，多渠道拓展食物来源，探索构建大食物监测统计体系的重要支撑，更是推进乡村全面振兴作为新时代新征程"三农"工作的总抓手。葛产业以绿色，生态，药食同源，适应性较强，固土效果突出，促进增收明显等优良特性，正在积极快速发展。

第一节　国外葛产业及其开发利用

一、日本葛产业及其开发利用

日本从 13 世纪就开始种植葛，并提取葛根粉作为食材。葛在江户时期即已编入日本的药典之中（van der Maesen，1985），但由于日本国土面积较小，葛在日本并没有实现规模化种植，因此日本在葛种植领域的相关研究涉及较少，主要依赖从中国、泰国或者其他国家进口葛根材料，进而加工成葛根的食品或保健药品等（上官佳，2012）。日本是世界上较早开展葛根黄酮提取的国家，提取葛根素的工艺较为完善（李悦和李艳菊，2007），当地人利用葛根作为治疗心血管疾病的药物，并对葛藤黄酮类化合物和葛根素的生物合成进行了系统研究（周珺等，2007）。

20 世纪 60 年代，日本科学家从野葛中分离出 20 多种异黄酮类化合物和淀粉（徐燕，2003），从葛花中发现主要功效成分葛花苷（kakkalide），同时发现这种成分可以解酒并保护肝脏（Kinjo et al.，1999）。目前，日本学者的主要基础研究方向之一仍然是葛根的解酒作用。日本学者还对中国传统汉方药著作《伤寒论》进行了药理研究和临床试验，对其中记载的"葛根汤"在儿科和妇科的临床应用进行了阐述（闫冬梅，2002）。

在葛根粉制备方面，日本科学家发现利用超微粉碎技术可以改善葛根全粉的成分和功能（谢冬娣等，2019），并发现日本葛根淀粉为 C 型结晶（Van Hung and Morita，2007）。此外，在提取葛根粉后，日本还利用葛根渣制作成动物养殖饲料，对葛根进行充分的利用。目前，由于葛根的良好药食同源功效，葛根粉在日本被称为"长寿粉"，并且用含有异黄酮类化合物的葛粉为原料，生产出一系列保健食品，如葛根面条、葛根口服液、葛根粉丝、葛根饼干、葛根保健酒、葛根类饮料、葛根冰激凌、葛根罐头、粉葛冻、葛根汤、葛根羹等，在日本均极为畅销，葛根羹几乎成为日本老人和产妇日常生活中的必备食物（张雁等，2000；徐进等，2000；唐春红和陈琪，2002）。由于日本葛根的原材料几乎都来自进口，导致其生产成本较高，价格昂贵，因此，用葛粉制作的食品在日本被称作"皇家珍品"，被视为高档消费（陈安，2001）。

二、美国葛产业及其开发利用

美国的葛种类主要是野葛。1876 年，日本人带着野葛花来美国参加费城百年博览会，美国人发现野葛花非常美丽，便开始从日本引入野葛装点庭院，野葛开始在美国扎根。后来，美国学者发现野葛叶中蛋白质含量丰富，便逐渐把野葛叶作为牲畜饲料。1916 年，美国奥本大学研究人员发现野葛还是很好的绿肥作物，在野葛生长过的土壤上种植经济作物或粮食作物，其产量均有显著提高。到 20 世纪 30 年代，美国为了发展农业，把原有的草场进行翻耕，大量的土壤裸露出来，加上干旱天气，导致水土流失非常严重，甚至引起了"美国黑风暴事件"，给美国的生态系统及农业种植造成了极为严重的后果。为了改善水土流失及生态环境问题，美国开始寻找可以在贫瘠土壤中生存且具有良好水土保持能力的植物。随后，美国科研工作者发现野葛抗旱耐贫瘠，在沙壤土质中也可以正常生长，同时，野葛叶片中的蛋白质能够很好地保持土壤中的肥力。于是，从 1935 年开始，美国联邦土壤保护委员会开始发动农户积极种植野葛（每种植 1 英亩①可补贴 8 美元），并建苗圃培育野葛苗。政府的鼓励带动了美国种植野葛的风潮，在之后的 5 年，仅在美国联邦政府组织种植和栽培的苗圃中就培育了 8400 万株野葛苗用于水土保持和研究。多种措施联合实施后，种植和栽培野葛的成绩斐然，野葛在美国的种植面积疯狂增加，仅 1940 年美国得克萨斯州就种植了 50 万英亩的野葛。然而，让美国人万万没想到的是，由于美国大部分地区属于温带和亚热带气候，特别适合野葛生长，同时野葛在美国没有天敌且繁殖特别快，导致野葛泛滥成灾，加上其攀爬性强，可以爬到非常高的植株上，导致许多农场和植物都被野葛叶所覆盖，野葛叶遮挡住其他作物的阳光，导致被覆盖的植物无法进行光合作用而死亡，野葛藤甚至可绞杀其他植物，从而对

---

① 1 英亩=4046.86m²，后同。

当地的森林、牧场、农田和农业生态系统造成极大的危害。由于野葛几乎遍布美国 2/3 的州，分布面积极广，且生命力极强，即使将其地上部分全部消灭，待来年春季，地下隐芽处又会萌发新枝，因此在 20 世纪 60 年代，野葛被美国农业部列为外来入侵物种，被称为"生态杀手"，美国也开始限制野葛的传播。

美国开展了一些野葛生态影响和药理作用的研究，在葛根素的提取及药效方面的研究较多，特别是在葛根素的提取及雌激素药效方面的研究。Hickman 等（2010）认为野葛的入侵导致美国一氧化碳排放和臭氧污染程度加剧。野葛根中异黄酮类化合物的抗氧化和抗衰老作用引起了美国科研者的关注，并被利用开发出一些抗衰老的产品（Guerra et al.，2000）。此外，美国还将野葛中提取的异黄酮类化合物用于高端的保健食品或者生物医药等领域，将葛根冻供应给特殊病人以抗衰老及缓解女性更年期不适症等。但是美国在葛食品类的研究开发较少，可能是因为野葛在美国被视为不受欢迎的植物，且美国人饮食习惯与亚洲人不一样，没有食用葛的传统，所以在一定程度上限制了美国葛产业的发展。

三、泰国葛产业及其开发利用

泰国古代将葛分为 4 种，分别为白葛、红葛、黑葛、么葛，可通过分子生物学手段鉴别（Wiriyakarun et al.，2013）。其中，白葛是应用最广泛的种，也被称为泰葛，是泰国的珍稀保护植物，其异黄酮含量是一般黄豆制品的 100 多倍（Jungsukcharoen et al.，2014），夏季含量明显高于冬季（Cherdshewasart and Sriwatcharakul，2007），且富含脱氧葛雌素和葛雌素，具有美容养颜、促进女性荷尔蒙分泌及抗衰老等作用。泰葛的炮制方法是将白葛根打成粉状后与蜂蜜或其他泰药融合制成丸剂。泰葛的功效与中国野葛及粉葛的功效有相似的记载，如具有退热解表、止渴、治疗痘疹、解动物咬伤、解毒功效等，也有不同的功效：中国野葛及粉葛具有解酒毒、止血痢、升阳止泻、堕胎等功效，而泰葛则具有促进食欲、改善睡眠、抗皱纹、抗衰老、丰胸、强身健体等功效。在现代，中国野葛及粉葛用于治疗脑血管疾病、糖尿病、高血压等，泰葛主要用于治疗更年期综合征。泰葛在剂型方面主要以传统剂型的丸剂、胶囊剂为主。在药品开发方面，泰国已有 50 种含有泰葛成分的药物获得泰国食品药品监督管理局的批准（苏提达，2017）。泰葛还常常用于制作护肤品，如乳霜、润肤霜和眼霜等，深受女性喜爱。

四、其他国家葛产业及其开发利用

国外一些发达国家也引种并开发利用葛，将葛引入城市，作为攀缘的绿化植物，葛显示出比爬山虎更遮阴避阳、更能美化环境的优良性状（李增援等，2007）。德国将葛作为观赏植物。法国用葛提取淀粉，少数用于观赏（Carriere，1891）。

巴西、喀麦隆、印度等将葛作为棕榈、橡胶树、椰树等乔木的间作覆盖物（丁艳芳，2003）。尼日利亚等把葛作为绿肥，用于增强土壤肥力，从而提高作物产量。南非把葛作为饲养动物的饲料。巴布亚新几内亚则把葛根碾碎用作分娩的功效药物。此外，许多国家从中国进口大量的葛初级产品，然后生产出高质量且价格昂贵的多种保健品。葛根粉在中国市场价格不足 3 元/kg，而在国际市场价格高达 10～15 美元/kg，仅葛根粉出口这一项，就可为中国创收大量的外汇（邓晓娟等，2002）。据报道，1998～1999 年葛根粉出口价格一度高达 8000 美元/t。在北美洲，高纯度的葛黄酮价格高达 3000 美元/kg（廖洪波等，2003）。由于葛根粉口感清爽，南欧使用葛根加芦笋、咖啡、芦荟、果汁等配制成饮料日常饮用。此外，葛根粉具有舒缓疼痛、润肠通便的功效，也被用来搭配牛奶、复合营养素等营养物质，配制成管喂流质食物，供大病初愈者食用，在医院十分畅销（陈泊韬等，2013）。

第二节　我国葛产业及其开发利用

　　葛是我国传统药食两用植物资源，在我国资源丰富、分布极广，已有近两千年的临床应用历史，目前已广泛用于保健品、药品、食品、化妆品等领域。在崇尚"回归自然""药食同源""大健康产业"等保健观念的今天，葛产品类型丰富、绿色有机、原生态、高品质、无污染、功效明显，因此，加强葛产业的发展，加强葛的开发利用，对于以特色农业产业带动产业增收及上下游产业链发展，促进乡村振兴与农业农村现代化，具有重要的现实和经济意义。

一、我国葛产业情况

　　我国葛资源丰富、分布极广，除新疆、西藏和青海等少数省份外，全国各省份几乎都有分布。我国有葛属植物 10 余种，其中，三裂叶野葛纤维多，粉性差，质量较次；云南葛有毒，被当地农民用于杀虫或毒鱼，不可食用。在葛属植物中，野葛和粉葛是应用最广泛的两个变种，二者都已被列入《既是食品又是药品的物品名单》，《中华人民共和国药典》（2020 年版　一部）明确规定，野葛中葛根素含量不得低于 2.4%，粉葛中葛根素含量不得低于 0.3%。因此，开发利用葛种质资源，生产葛系列产品，需要进行葛属植物分类的研究，并选择合适的葛品种进行开发利用。目前，我国野葛尚处于破坏性采挖阶段，而粉葛早已实现规模化栽培，在广西、江西、湖南、湖北、广东、浙江、安徽、云南、四川、重庆等地均有人工栽培。

　　粉葛是广西传统种植的作物，在全区各地几乎都有种植，种植总面积达 20 万亩，占全国粉葛种植面积的一半以上。其中，梧州、桂林和贵港粉葛种植面积分别达 8 万亩、3 万亩和 2 万亩，占全区粉葛种植总面积的 65%左右。梧州藤县和平镇是我国著名的粉葛生产基地，2013 年被农业部认定为"全国一村一品示范村镇"，2015 年获"广西粉葛之乡"称号，2021 年获"中国葛根之乡"称号，2022 年"藤县粉葛"获准注册为国家地理标志证明商标。藤县从 20 世纪 90 年代开始大规模种植粉葛，现年粉葛种植面积超过 8 万亩，粉葛全产业链实现年产值达 6 亿元，与"十三五"初期相比，种植规模增加近 60%，产量提升了近 150%。藤县粉葛全产业链在脱贫攻坚期间共带动葛农 1599 户共计 5021 人脱贫致富，对脱贫攻坚及乡村振兴工作起到重要作用，其中，藤县葛色天香和平粉葛产业（核心）示范区被评为广西现代特色农业（核心）示范区（四星级）。桂林多年来有种植粉葛的习惯，临桂区会仙镇粉葛种植面积达万亩以上，每个村平均种植几百亩。近年来，受藤县粉葛产业的辐射带动，贵港粉葛种植面积快速增加，贵港思旺镇充分挖掘粉葛产业的发展潜力，打造思旺镇万亩葛园，且因地制宜推广粉葛/沙姜、粉葛/香芋、粉葛/大豆、粉葛/番茄、粉葛/花生、粉葛/毛节瓜和粉葛/苦瓜等间作套种种植模式。此外，南宁、贺州、玉林、来宾、崇左和钦州等地也有粉葛的规模化种植，防城港、百色、柳州、河池和北海等地粉葛种植面积较小，以农户小规模种植为主（徐百万，2017；尚小红等，2021）。广西全区开展粉葛种植的企业及合作社非常多，达 90 余家，分布在全区各地。

江西也是粉葛种植大省，初步统计 2019 年江西人工种植粉葛面积大约 3 万亩，主要分布在上饶、赣州、宜春、抚州等地。野生资源分布面积达 300 万亩以上，年资源总量约 50 万 t，几乎每个县都有野生资源的分布，尤以上饶、宜春、吉安、抚州、鹰潭为多。江西从事葛种植、加工及销售的企业有 35 家，农民专业合作社34 家。其中，鄱阳县狮峰农业开发有限公司是江西粉葛种植面积最大的企业，2019年粉葛种植面积高达 2000 亩。江西葛企业经营模式为"企业+基地+农户"，由企业提供种苗和技术服务，并以最低保护价收购，降低了农户种植粉葛的风险，保障了葛农的种植收益，同时降低了企业的收购成本。上饶横峰县有"中国葛之乡"称号，粉葛种植历史悠久，种植及加工技术成熟，2019 年粉葛种植面积达 6000 亩以上，拥有从事葛种植、加工和销售的企业 18 家，农民专业合作社 13 家。其中，江西省农业产业化龙头企业 6 家，人工种植面积达 10 000 亩以上，带动农户 8000余户，户均增收 22 800 元，增加就业 3500 人左右。粉葛产业不仅促进了当地经济的发展，是工业与农业互相促进的典型，还加快了新农村建设（何绍浪等，2019）。此外，江西在葛种植技术标准制定方面走在全国前列，葛种植技术标准包括国家林业行业标准《葛根栽培技术规程》（LY/T 2044—2012）、江苏省地方标准《有机葛根栽培技术规程》（DB3211/T 035—2006）和《绿色食品 葛生产技术规程》（DB36/T 445—2018），这些标准为粉葛的优质高产栽培提供了有力支撑（何绍浪等，2020）。

湖南从 20 世纪 90 年代中期开始发展葛产业，虽然起步较晚，但近些年发展

迅猛，在科研、企业和基地建设等方面都走在全国前列。全省目前葛种植面积达
5 万亩，基地主要分布在张家界、怀化、永州、益阳等地。从事葛加工的企业有
20 多家，基本覆盖了全省 14 个市州，加工产值约 3 亿元（朱校奇和周佳民，2020）。
贵州黔西南州和铜仁引进'华葛 3 号''桂葛 1 号''桂葛 2 号'等品种进行种植，
用于制作葛根酒（罗亚红等，2013）。安徽省科学技术厅为加大葛综合开发力度，
还把"葛根黄酮提取及综合利用"列为安徽省"十五"中药现代化重大科技专项
（邓晓娟等，2002）。

二、我国葛种质资源栽培技术

（一）粉葛栽培技术

葛栽培历史悠久，我国有多个长期从事葛种植及加工的地区，如江西横峰是
"中国葛之乡"、广西藤县是"中国葛根之乡"、湖北钟祥是著名的"中国葛粉之
乡"等。长期的实践经验使栽培者集成了一套适用于葛单作的高产栽培技术，从
种植密度、水肥管理、整枝、打顶、修根、病虫害防治等各个环节进行科学管理
（刘成新，2015；黄鸿华和黄日盛，2017；何丽明，2017；曹升等，2022）。同时，
为提高葛种植的比较经济效益，研究者还开展了葛与其他作物间（套）种的生产
模式研究，主要间（套）种的作物为节瓜、香芋、天麻等（邹明珠，2004；林健
松，2008；陈耿等，2010；刘林等，2020），此外还有花生、沙姜等（冼成基和卢
运富，2009；粟发交，2010；尚小红等，2020）。

1. 粉葛单作栽培技术

粉葛单作栽培技术：粉葛种植期间，全生育期不间套作其他作物的粉葛栽培
技术。

1）产地环境

选择阳光充足、土层深厚、土壤疏松肥沃、通透性良好、排灌方便、周边无
污染源的地块。

2）品种选择

选用高产优质、淀粉含量高、纤维少、抗病性强、抗逆性强、适应性广的粉
葛品种。

3）育苗

（1）苗床准备

定植前 20～30d，选择黄壤土地块作苗床，犁翻深松后整碎整平，用 50%多
菌灵可湿性粉剂 500～600 倍液或 70%甲基硫菌灵可湿性粉剂 600～800 倍液喷洒

苗床，用塑料薄膜覆盖，密闭苗床 5d 后揭膜。揭膜 15d 后起垄，垄高 15～20cm，垄宽 80～100cm，沟宽 20～30cm。

（2）插条采集与处理

上一茬粉葛采收时，选留粗壮、芽眼饱满的一年生健壮无病葛藤，选取中间部分剪成 8～10cm 的插条，每个插条以带 1 个芽点为宜，上切口离芽点 2～3cm，平切，下切口斜切。将插条芽点 2cm 以下至下切口部分浸泡在生根粉溶液（20%萘乙酸或 30%吲哚乙酸，1g 兑水 5kg）内 25～30min。

（3）扦插方法

扦插前苗床淋透水，按株距（2～3）cm×（2～3）cm 的规格，将插条垂直插在育苗床上，深度以芽点以下 2～3cm 平贴苗床面为宜。

（4）苗期管理

扦插后，用黑色遮阳网覆盖苗床。雨后及时排水。当气温低于 25℃时，搭盖小拱棚并用塑料薄膜覆盖。

4）定植

（1）整地施基肥

耙耕前施足基肥。每亩施商品有机肥料 400kg 或腐熟农家肥 1000～1500kg、钙镁磷肥 25～30kg、硫酸钾型复合肥（N∶P_2O_5∶K_2O=15∶15∶15）25～30kg，均匀撒施后及时耙平，做到地平土碎、疏松平整。垄距 150～200cm，垄高 50～60cm；垄间开沟，沟宽 30～40cm。

（2）时间

2 月上旬至 4 月下旬为宜，芽长 2～3cm 时定植。

（3）密度

单行种植，行距 1.5～2.0m，株距 0.4～0.5m。

（4）方法

按株距要求在垄上挖穴，将扦插苗芽点 2cm 以下种入，回土压实。定植后浇足定根水。

5）田间管理

（1）前期管理

a. 补苗

定植后 7～10d，发现弱苗、病苗、死苗应及时清除并补植。

b. 搭架引蔓

主蔓长 30～50cm 时立杆搭“人”字架或竖单杆，架杆高 150～220cm，引藤蔓上架。

c. 水分

定植后的前 90d，保持土壤湿润，视土壤情况及时浇水。定植 90d 后，每 10～15d 浇水 1 次。雨季及时排水。

（2）中期管理

a. 整枝

定植后 60～70d，当主蔓长 2.0～3.0m 时，在立杆顶端绑蔓，同时除去主蔓上的侧枝和已露出垄面 3～5cm 的根部上的芽，去除主蔓 1m 以下的老叶。

b. 修根

定植后 75～90d，扒开植株基部表土，块根长至直径 1.5～2.0cm 时，及时进行修根，每株选留 1～2 个形状和长势良好的根。

c. 晒根

修根后，将已露出垄面 3～5cm 的根晒根 7～10d，晒根后覆土。

d. 第一次追肥

晒根后，沿垄方向，在两株粉葛之间挖穴追施，每亩穴施 45%硫酸钾型复合肥（N：P_2O_5：K_2O=15：15：15）40～50kg，施后覆土。

（3）后期管理

a. 打顶

定植 3 个月后主蔓打顶，及时抹除侧蔓上萌发的嫩枝。当顶芽生长过快过多时，每亩用 15%多效唑可湿性粉剂 600 倍液叶面喷施。

b. 第二次追肥

定植后 115～135d，沿垄方向，在两株粉葛之间挖穴追施第二次肥料，每亩穴施高钾型复合肥（N：P_2O_5：K_2O=12：11：18）40～50kg，施后覆土。

（4）病虫害防治

a. 主要病虫害类型

主要病虫害有拟锈病、枯萎病、茎基腐病、炭疽病、金龟甲、叶螨、蟒象、地老虎、斜纹夜蛾等。

b. 防治原则

按照"预防为主，综合防治"的植保方针，坚持以"农业防治、物理防治、生物防治为主，限制化学防治"的原则。

c. 防治方法

农业防治：选择健康茎蔓；选用轮作的田块种植，种植前做好土壤消毒、杀菌；剪除病虫枝，并清出种植地土壤；清扫园内的落叶、杂草和杂物等，集中深埋或烧毁。

物理防治：每 30～45 亩设置 2～3 盏频振式诱虫灯诱杀害虫。

生物防治：创造和保护有利于天敌（如七星瓢虫、赤眼蜂等）生长的环境。

化学防治：化学药剂防治。

6）采收与贮藏

（1）采收时间

11 月到次年 1 月，叶片逐渐见黄，块根膨大成熟时的晴天采收。

（2）采收方法

人工或机械进行无损伤采收。人工去除泥沙和薯块上的分支，不要弄破块根表皮。

2. 粉葛间（套）种栽培技术

粉葛间（套）种栽培技术是指粉葛种植期间，在其株行间（套）种其他作物的一种粉葛栽培技术。粉葛典型间套种模式如下。

1）粉葛/节瓜套种

粉葛和节瓜均为蔓生性植物，利用 2 种作物不同的生长发育特性进行套种，可以充分利用土地资源和生产资料，低投入高产出，提高经济效益。通常情况下，每年粉葛产量为 2000～3000kg/亩，按 4.0 元/kg 计算，产值 8000～12 000 元/亩；套种节瓜后，可以多采收节瓜 3000～4000kg/亩，按 2.0 元/kg 计算，新增产值 6000～8000 元/亩，整体产值 14 000～20 000 元/亩。

（1）品种选择

粉葛品种：选择单株产量高、抗性强、薯商品率高、叶片相对较小、中后期生长发育好的优良品种。

节瓜品种：宜选择早熟、抗病的品种。

（2）土地选择

宜选用土壤有机质含量较高、通透性好、排灌方便的土地种植。

（3）播种或定植时间

节瓜生育期为 4～5 个月，粉葛生育期达 8 个月及以上，生长旺期为中期（6～10 月），此时节瓜须采收完毕。因此，节瓜在每年 1 月中旬至 2 月中旬播种育苗，3 月定植。粉葛在 2～3 月定植，平均气温在 15℃时进行。

（4）粉葛/节瓜套种的种植规格

粉葛和节瓜均为蔓生作物，为保证充足的阳光，需保留一定的生长空间。节瓜和粉葛套作一般单垄单行种植，粉葛株距 100cm，行距 1.8～2.0m；粉葛苗间种植节瓜，粉葛与节瓜株距 35cm，节瓜株距 30cm，行距 1.8～2.0m。

（5）基肥的施用

粉葛的基肥一般与节瓜的基肥一起施用。每亩施入腐熟有机肥 1500～2000kg、复合肥（N：P_2O_5：K_2O=15：15：15）50kg、钙镁磷肥 25kg 和硫酸钾肥 10kg。

（6）地膜覆盖

一般实行地膜覆盖。于施肥整地后覆盖地膜。

（7）田间管理

节瓜田间管理包括搭架引蔓、中耕除草、中期追肥、水分管理和病虫害防治。节瓜收获后，及时清理，有序护理粉葛。粉葛田间管理包括整枝、修根、晒根、打顶、中期追肥、水分管理及病虫害防治，保证粉葛健康生长。

2）粉葛/香芋间种

充分利用立体空间，粉葛产量为 2000～3000kg/亩，按 4.0 元/kg 计算，产值 8000～12 000 元/亩；套种香芋后，可以多采收香芋 1200～1500kg/亩，按 4.0 元/kg 计算，新增产值 4800～6000 元/亩，整体产值 12 800～18 000 元/亩。

（1）品种选择

粉葛品种：选择单株产量高、淀粉含量高、抗病性强、薯商品率高、叶片相对较小的优良品种。

香芋品种：宜选择高产、抗病的品种。

（2）土地选择

一般选择排灌方便、土层深厚、壤土肥沃、沙壤土、黏壤土种植，但以壤土为宜。种植地一般 1～3 年水旱轮作为宜。

（3）定植时间

定植时间一般为 3 月，粉葛和香芋定植时间差不多。

（4）种植规格

单垄单行种植，垄距 1.6m（包括沟宽），垄高 0.5～0.6m。粉葛每亩种植 330～350 株，株距 1.2m；葛苗间种香芋，香芋与粉葛株距 0.45m，香芋株距 0.3m，香芋每亩种植 600～700 株。

（5）基肥的施用

粉葛的基肥与香芋的基肥一起施用。每亩施农家肥 1500～2000kg、磷肥 50kg、三元素复合肥 50kg。

（6）田间管理

香芋田间管理包括追肥、中耕培土、排灌水、除蘖和病虫害防治（特别是疫病和软腐病）。粉葛田间管理包括追肥、排灌水、整枝、修根、晒根、打顶、生长调节及病虫害防治（特别是拟锈病和粉蚧）。

3）粉葛/红天麻套种

粉葛/红天麻套种利用了中药材仿野生和作物组合栽培原理，综合利用人力、物力，且高效、合理地利用有限土地。该套种模式粉葛需 3 年采收。红天麻采收麻种 1 次，产量 1750～2000kg/亩，按市场价 15 元/kg 计算，产值 26 250～30 000 元/亩；

收获天麻 1 次，产量 1750～2000kg/亩，按市场价 20 元/kg 计算，产值 35 000～40 000 元/亩。粉葛种植 3 年，产量 4800～7200kg/亩，按单价为 2 元/kg 计算，产值 9600～14 400 元/亩。3 年整体产值 70 850～84 400 元/亩。

（1）品种选择

粉葛品种：选择适应高海拔，抗性强，产量高的优良品种。

红天麻品种：选择适应性强的品种，如'鄂天麻 2 号''宜红优 1 号'等优良品种。

（2）土地选择

选择海拔 500～2000m，水源丰富，土层深厚，pH5.0～6.5，透气性好的黄壤土、沙壤土地块。

（3）定植时间

粉葛定植时间一般为 3 月，红天麻种植时间为次年的 5 月中下旬。

（4）种植规格

粉葛种植穴间距约 0.6m，行距为 1.8m，每亩 600 穴左右，每穴种植 1 或 2 株。红天麻种植时将厢面疏松土层取出，并抚平厢面底层；将混合后的红天麻种子均匀地撒在厢面底部后，把木棒平铺于厢底，平铺木棒两侧整个平面均紧接蜜环菌菌块，进行双层培育，每亩投入 7000 个果荚。蜜环菌菌块厚度为 2～3cm，宽面周长为 18～20cm。每行木棒间距 1～1.5cm，行间铺上疏松土壤，厚度 0.5～1.0cm。

（5）基肥的施用

每亩施入硫酸钾复合肥 50kg、过磷酸钙肥 100kg、有机肥 100kg。

（6）田间管理

粉葛田间管理：修剪时，确保透光率低于 30%；确保土壤湿度在 60%～70%，加强水分管理。

红天麻田间管理：菌材最上面铺上疏松土壤，厚度 3～5cm，人工浇水 1 次，浇透，并清除多余土壤。铺上枯萎的湿树叶，确保有 2～3 片叶子厚度，利于保温保湿。此外，还需加强病虫害管理。

除此之外，民间还有粉葛间（套）种花生、生姜、番茄等作物的种植模式，江西省红壤及种质资源研究所还研发了一种茶园套种粉葛的模式。该模式既不影响茶叶生长与采摘，又可以通过粉葛的种植和采挖有效改善土壤紧实度，活化土壤耕作层。

三、我国葛种质资源综合开发利用情况

（一）葛根营养成分及其功效

1. 葛根的营养成分

葛根富含淀粉、粗脂肪、蛋白质、氨基酸、纤维素，以及人体所需的 Fe、Ca、

Cu、Se 等矿质元素。现代药理研究认为，葛根主要化学成分为异黄酮类、黄酮类、萜类、甾体类、香豆素类、葛酚苷类和苯并吡喃类等化合物。其中，异黄酮类化合物 93 种（朱卫丰等，2021），最主要的苷元类型是大豆苷元、染料木素和鸢尾黄素，最主要的苷类型是葛根素（楚纪明等，2015）；异黄酮类化合物 27 种，结构母核有黄酮类化合物、黄酮醇、查尔酮、二氢黄酮和异黄烷酮 5 种；萜类多为五环三萜类，另有少量的半萜类成分；甾体类有 α-菠甾醇、β-谷甾醇棕榈酸酯、β-谷甾醇等成分；香豆素类化合物 14 种，与异黄酮类化合物共同参与生物活性的表达（Chansakaow et al.，2000；Korsangruang et al.，2010）；葛酚苷类化合物 7 种；苯并吡喃类化合物 3 种。除此之外，葛根中还富含多糖、挥发油等成分。其中，多糖是近年来发现的葛根中的活性成分，具有抗氧化、解酒保肝、调节免疫、降脂降糖等多种功效，其活性与糖苷基类型、糖醛基含量、单糖和取代基组成等有关（王蕊霞和刘晓宇，2008；陈兵兵，2016；董洲，2018）；挥发油成分主要为脂肪酸、烷烃类（梁倩和徐文晖，2012）。何美军（2021）首次从粉葛中分离出香豆酸甲酯、对香豆酸、4″-羟基异黄酮、对香豆酸乙酯、苯甲酸、甘草素、5,7-二羟基-3-[4′-O-(3-甲基-2-丁烯基)-苯基]-异黄酮共 7 个次生代谢产物，除甘草素外，其他 6 个化合物为首次从葛属植物中分离获得。

2. 葛根的传统功效

历代本草医书均对葛根有记录（表 7-1），从历代本草记载可以看出，葛根的传统功效为解肌退热、生津止渴、透疹、升阳止泻、解酒毒、疗金疮等。葛根在我国古代经典古方中应用广泛。汉代张仲景所著的《伤寒论》和《金匮要略》记载有葛根汤、葛根黄芩黄连汤、葛根加半夏汤、奔豚汤、竹叶汤、桂枝加葛根汤等，作为葛根经典名方流传至今，仍在发挥重要的作用。唐代药王孙思邈所著的《备急千金要方》和《千金翼方》记载了葛根解肌汤、龙胆汤、葛根黄连汤等葛根方剂。唐代《外台秘要》记载有扶金汤等葛根方剂。宋代官修方书《太平圣惠方》和《太平惠民和剂局方》均有葛根方剂记载，许叔微所著的《普济本事方》记载的竹茹汤于 2018 年纳入国家中医药管理局公布的《古代经典名方目录（第一批）》。金、明、清也有众多方剂书籍有关于葛根古方的记载。基于数据挖掘分析中医古籍中治疗感冒的组方用药规律，发现共包含了 211 个处方信息，涉及 176 种中药，其中高频药物 48 种，葛根使用频次位居第三位（李云等，2022），可为流感临床诊疗的处方用药及新药研发提供参考。

表 7-1　历代医书对葛根的记载

医书	关于葛根的记载
《神农本草经》	味甘平。主消渴，身大热，呕吐，诸痹，起阴气，解诸毒。葛谷，主下利，十岁已上

续表

医书	关于葛根的记载
《名医别录》	主治伤寒中风头痛，解肌发表出汗，开腠理，疗金疮，止痛，胁风痛。生根汁，大寒，治消渴，伤寒壮热
《本草经集注》	生者捣取汁饮之。解温病发热。其花并小豆花干末，服方寸匕，饮酒不知醉。取葛根为屑，治金疮断血为要药，亦治疟及疮，至良
《药性论》	能治天行上气，呕逆，开胃下食，主解酒毒，止烦渴。熬屑治金疮。治时疾解热
《本草拾遗》	生者破血，合疮，堕胎。解酒毒，身热赤，酒黄，小便赤涩
《新修本草》	根末之，主狗啮，并饮其汁良。蔓烧为灰，水服方寸匕，主喉痹
《日华子本草》	治胸膈热，心烦闷，热狂。止血痢，通小肠，排脓，破血，敷蛇虫啮，解署毒箭
《开宝本草》	小儿热痞，以葛根浸捣汁饮之良
《本草衍义》	大治中热，酒、渴病，多食行小便，亦能使人利。病酒及渴者，得之甚良
《药类法象》	气平味甘，除脾胃虚热而渴，又能解酒之毒，通（行）足阳明之经
《珍珠囊补遗药性赋》	味甘平，性寒无毒。可升可降，阳中之阴也。其用有四：发伤寒之表邪，止胃虚之消渴；解酒中之奇毒；治往来之温疟
《汤液本草》	阳明经引经药，足阳明经行经的药
《本草蒙筌》	杀野葛巴豆百毒，入胃足阳明行经。疗伤寒发表解肌，治肺燥生津止渴。解酒毒卒中，却温疟往来。散外疹疹止疼，提中胃气除热。花消酒不醉，壳治痢实肠。生根汁乃大寒，专理天行时病。止衄毒吐衄，去热燥消渴。妇人热闷能苏，小儿热痞堪却。葛粉甘冷，醉后宜食。除烦热利大便，压丹石解鸩鸟毒。叶敷金疮捣烂。蔓祛喉痹烧灰
《本草纲目》	本草十剂云：轻可去实，麻黄、葛根之属。盖麻黄乃太阳经药，兼入肺经，肺主皮毛；葛根乃阳明经药，兼入脾经，脾主肌肉。所以二味药皆轻扬发散，而所入迥然不同也
《本草便读》	解阳明肌表之邪。甘凉无毒。鼓胃气升腾而上。津液资生。若云火郁发之。用其升散。或治痘疹不起。赖以宣疏。治泻则煨熟用之
《本草害利》	发汗升阳，生用能堕胎，蒸熟散郁火，化酒毒，止血痢。能舞胃气上行，治虚泻之圣药。鲜葛根汁大寒，治温病火热，吐衄诸血
《中华人民共和国药典》（2020年版　一部）	解肌退热，生津止渴，透疹，升阳止泻，通经活络，解酒毒。用于外感发热头痛，项背强痛，口渴，消渴，麻疹不透，热痢，泄泻，眩晕头痛，中风偏瘫，胸痹心痛，酒毒伤中

3. 葛根的现代药理作用

葛根的现代药理作用主要有改善心血管系统、降血压、降血脂、降血糖、抗氧化、解热、解酒护肝、抗炎和雌激素样作用等。随着现代医学的快速发展，国内外对葛根开展了大量关于药理药化方面的研究，表明葛根在现代医疗和保健等领域具有良好的应用价值。

1）心脑血管系统作用

（1）降血糖、降血脂和降血压

长期补充葛根提取物可以有效改善血糖、血脂，并利于维持血压的正常（Shen et al.，2009）。

a. 降血糖

葛根素可有效降低肾脏中的糖基化产物，抑制相关 RNA 的表达，从而达到降低血糖的效果，说明葛根素可以用来预防糖尿病（苏勇等，2006；王兰等，2017）。孙卫等（2008）发现葛根素可通过清除自由基减少脂质过氧化物的生成，降低线粒体一氧化氮合酶的活力，减轻一氧化氮所致的损伤，进而保护糖尿病大鼠的胰腺。Wang 等（2022）研究发现，口服葛多糖可显著改善糖尿病小鼠的体重、摄食量、饮水量、空腹血糖值、胰岛素耐量，以及白细胞介素-6、肿瘤坏死因子-α等生化指标值，可改善糖尿病小鼠的代谢轮廓，可以显著调节代谢物及代谢通路，也可以调节 db/db 小鼠的肠道菌群结构，改善糖尿病相关代谢途径，对 db/db 小鼠产生正向作用。葛根多糖可能通过增加 *Romboutsia* 细菌丰度，调节过氧化物酶体增殖物激活受体（PPAR）信号通路，对胰岛素抵抗产生治疗作用。粉葛多糖可能通过降低 *Klebsiella* 细菌丰度，来降低血清中尿酸水平，进而调节 PPAR 信号通路，对胰岛素抵抗产生治疗作用，两者的调节途径虽不一样，但最终都是通过调节 PPAR 信号通路发挥生津止渴的功效。

b. 降血脂

研究发现，葛根素可以显著减少血清中总胆固醇和甘油三酯的含量，提高高血脂患者冠状动脉的血流量，是潜在的降血脂药物（路广秀等，2017；Kim et al.，2018）。此外，葛根素可有效预防 2 型糖尿病患者的高血压、肥胖、高血脂以及冠心病等并发症，可能是由于葛根素可以降低高血脂患者血中的红体、甲状腺球蛋白、低密度脂蛋白水平，减少脂质沉积，从而改善高脂血症（路广秀等，2017）。葛根可通过促进胆固醇转变为胆酸来降低血清中的胆固醇含量，可降低动脉粥样硬化的发生（闫莉萍等，2006）。魏凤华（2016）发现葛根中的总黄酮和多糖能显著降低 2 型糖尿病大鼠的空腹血糖和血脂，可通过升高超氧化物歧化酶活性来增强体内抗氧化能力。

c. 降血压

研究表明，葛根素具有降低血压和减慢心率的作用（Shi et al.，2019），这可能与葛根素可以抑制血管紧张素-肾素系统和降低儿茶酚胺含量有关（焦豪妍，2010；路广秀等，2017）。

（2）抗心律失常

叶和杨等（2003）研究发现，葛根素对大鼠心律失常具有显著的拮抗作用，通过影响 Na^+、K^+、Ca^{2+} 的细胞膜通透性，减少儿茶酚胺的释放，以达到降低心肌兴奋性的作用。范虹和丁大琼（2013）发现葛根提取物对正常动物的耗氧量无影响，对异常增加的耗氧量则产生抑制作用。潘美晴等（2015）发现注射用葛根素可抑制蟾蜍离体心脏的收缩力和心率，可能与葛根素抑制 β 受体及细胞外钙内流有关。程维礼（2016）研究表明，葛根素可以提高糖尿病小鼠在心肌梗死后的存活率和心功能，也可以提高小鼠对葡萄糖的摄取，从而减少脂肪酸的摄入，进而降低耗氧量，达到提高心肌率的效果。冯倩等（2019）对葛根素注射液改善心律失常临床疗效的分析发现，葛根素注射液联合基础治疗的有效率高于单纯基础治疗效果。李亮等（2020）发现针刺治疗结合口服葛根桂枝甘草汤可以有效治疗心律失常，提高患者的心率变异性指标。

（3）改善脑循环和脑代谢

葛根素能够增加兔脑血流量，并显著提高兔脑葡萄糖摄取量和耗氧量，说明葛根素具有改善脑代谢和脑循环的作用，且可促进血管内皮细胞的修复和再生（王福文等，2000；张蕊等，2005）。此外，葛根提取物对小鼠海马神经元细胞的谷氨酸毒性具有抗氧化和神经保护作用（Sucontphunt et al.，2011），且具有治疗阿尔茨海默病的作用（Koirala et al.，2018）。

2）解酒护肝作用

研究表明，药用葛根可以明显缓解酒精中毒的症状（Lukas et al.，2005），葛根素通过影响对酒精的吸收，从而起到保肝护肝的作用（焦豪妍，2010）。大鼠实验表明，葛根素治疗组的转氨酶、促炎症细胞因子及肝组织甘油三酯减少，而白蛋白、乙醇脱氢酶和乙醛脱氢酶增加，表明葛根素可以预防酒精性肝损伤（赵鹏等，2009；Li et al.，2013；季红等，2016），护肝机制可降低肝组织中 TNF-α 和 IFN-γ 的含量，提高抗氧化能力，并保护中枢神经系统（焦豪妍，2010；徐茂红等，2012）。Li 等（2022）从粉葛中提取了粉葛多糖（RPP），并采用酒精和高脂饮食诱导的 C57/BL6J 小鼠研究了 RPP 对脂肪肝的作用及作用机制。结果表明，口服 RPP 可减轻酒精和高脂饮食引起的肝损伤和脂肪变性。RPP 可通过 NF-κB 信号通路促进肠屏障完整性，减轻炎症反应。RPP 可通过 AMPK/NADPH 氧化酶信号通路改善脂质过氧化。此外，这些改善可能与肠道 *Parabacteroides*（促进肠道屏障完整性）和 *Prevotellaceae*（激活 AMPK 信号通路）细菌的富集有关。研究还表明，RPP 是一种益生元，可通过调节肠道菌群，改善酒精和高脂饮食小鼠的炎症和脂质过氧化，为粉葛预防和改善脂肪肝保健食品的开发奠定基础。

3）预防骨质疏松

葛根异黄酮可防治去除卵巢大鼠的骨质疏松症，改善骨组织的硬度并提高骨密度和质量，降低绝经后骨质疏松的发生和骨折发生的风险（周艳等，2008；梁洁等，2016）。Wang 等（2013）研究发现葛根素能刺激小鼠成骨细胞的增殖和分化。Tiyasatkulkovit 等（2014）发现葛根提取物可促进狒狒成骨细胞碱性磷酸酶和胶原的增殖和表达。Manonai 等（2008）发现葛根提取物可显著降低绝经后妇女的骨转化率。

4）消炎、抗感染、抗肿瘤

研究发现，葛根素可以降低促炎因子水平，抑制相关炎症介质，刺激巨噬细胞内蛋白表达，提高抗炎因子水平，可以起到抗菌及消炎的作用（孙琦等，2008；杨希，2015）。使用葛根芩连汤治疗急性感染性腹泻，患者血液中的白细胞、C反应蛋白及内毒素含量均减少，腹痛和腹泻等症状减轻（王家员等，2017）。

5）雌激素样作用

葛根异黄酮和人体分泌的雌激素在结构上最为相似，因此被誉为"美容维生素增效剂"，对女性美容养颜、塑身和丰胸具有良好效果（尚小红等，2020）。葛根素和葛根总异黄酮可以改良去卵巢大鼠的性周期，增加其阴道角化细胞数量，表明葛根素和葛根总异黄酮具有雌激素受体部分激动剂的特性（郑高利等，2002）。

6）抗氧化作用

Cui等（2008）从葛根中提取出多糖PLB-2C，并对PLB-2C进行了结构探索，结果显示，PLB-2C能够显著抑制H_2O_2引起的PC12细胞损伤，对细胞凋亡具有较好的保护作用。葛的提取物及异黄酮类成分对氧自由基具有清除作用，并且能够预防性地对抗H_2O_2和超氧阴离子引起的氧化性损伤，对抗氧化肽有较强的清除能力，能够有效抑制氧化损伤引起的红细胞溶血，抑制细胞的过氧化衰老（赵艳景和张岩，2012；刘雨诗等，2020），提高人体内SOD活性强度，从而保持人体内氧自由基与自由基清除剂的均衡，适用于抗衰老化妆品，被称为源于绿色植物的有效组分（邓金生，2020）。

7）其他

（1）改善记忆的作用

禹志领等（1997）认为葛根总黄酮对酒精引起的记忆障碍有一定的对抗作用。

（2）调节内分泌

葛根制剂可以调节内分泌，改善大鼠的抑郁表现（王金萍等，2007）。

（3）免疫调节

朱新英等（2008）发现葛根素可一定程度上增强小鼠的免疫力。

（4）抗青光眼

葛根素滴眼液可以降低家兔的眼内压，与使用0.5%噻吗洛尔的滴眼液效果相似，说明葛根素滴眼液可能会成为一种相对比较优越的抗青光眼药（陈兴文，2014）。

（二）葛根食品开发利用

葛膨大的块根含有丰富的淀粉。新鲜的葛根清甜可口，可用来制作各种菜肴。

《美味粉葛：手把手教您如何吃粉葛》（王颖，2021）一书分别从养生汤、家常菜、甜品方面介绍各类粉葛美食的制作方法。其中，养生汤包括葛根无花果陈皮汤等10种，家常菜包括金沙葛根等19种，甜品包括桂花葛根羹等14种。除鲜食外，葛根也可以制作成各种加工食品，见如下介绍。

1）葛粉和葛粉制成品

葛根淀粉含量高，以葛粉为原料，可制成葛根果冻、葛粉软糖、葛粉面条、葛根面包、葛根粉丝、葛根冰淇淋、葛根奶粉、葛根布丁、葛根果晶、葛根红肠、葛根罐头、葛根饼干、葛根蛋糕、葛根蛋黄酥、葛根桃酥、葛根薯片、葛根芝麻饼、葛糕、葛根方便面、葛根口香糖、葛根豆腐、葛根月饼、葛根螺蛳粉、葛泥等。

2）葛根茶和葛根饮料

刘小玲等（2001）以葛根为主要原料，浸提出其中的活性成分后，配以其他辅料如低聚糖等，制备出适合中老年人饮用的保健饮料。王健柏和王君高（2004）将葛根、茯苓经浸提、浓缩、干燥后粉碎，与菊花、绿茶按比例配置成袋泡茶，口感良好，同时具有保健功能。杨春城等（2004）以葛根、金银花、菊花、茉莉花和低聚糖等制作成解渴保健饮料，可达到润肺、清热解毒、消暑解渴和润肠通便等功效。张雁等（2004）以葛根汁、鲜牛乳加蔗糖配制出风味品质优良的葛根乳复合饮料。刘士平和薛艳红（2006）将鱼腥草嫩汁和葛粉溶液等原料混合制成饮品，制成的饮品晶莹剔透、芳香四溢、爽滑可口，且具有保健功能。

3）葛根低聚糖

将葛根粉中的淀粉采用生物法转化成低聚糖，在有效保存葛粉中葛根素等异黄酮类有效成分的同时，还可改善葛粉的口感和风味。此外，淀粉转化为低聚糖后，甜度只有蔗糖的50%左右，因此具有一般低聚糖的保健功能，易于被市场接受，大大提高了产品的附加值（霍丹群和侯长军，2000）。

（三）葛根医药开发利用

许多古代葛根方剂如葛根汤、桂枝加葛根汤、葛根加半夏汤、葛根黄芩黄连汤和十神汤等沿用至今，现代仍有众多研究者对其配伍、药效及临床等进行研究。有相关研究表明，葛根黄芩黄连汤高剂量可防止血糖升高，具有预防胰岛素抵抗的作用。段竹梅和周素丽（2003）提出治疗小儿咳嗽变异性哮喘出现的外感风热需加黄芩、葛根。在治疗肝炎出现的外感风热证时，蒲清海（1986）也提出需加葛根、柴胡。李新（2019）研究发现，西药联合桂枝加葛根汤治疗小儿外感发热效果好。潘磊（2019）观察葛根汤治疗上呼吸道感染外寒内热证时发现，相比于复方盐酸伪麻黄碱缓释胶囊治疗，葛根汤加减治疗法具有起效快、安全性高等优点。曾志安等（2017）研究葛根汤颗粒治疗上呼吸道感染疗效时指出，葛根汤颗粒的疗效要优于金莲花颗粒的。柳亚男等（2018）使用高效液相色谱法测定野葛、粉葛、葛根汤颗粒中葛根素含量时发现，粉葛中葛根素含量不能满足葛根汤颗粒最低含量的要求，因此提出葛根汤颗粒中的葛根应选择野葛。葛根黄芩黄连汤已被广泛用于小儿轮状病毒性肠炎的治疗，并且疗效显著（侯红丽，2018；黄芳等，2019；冯益静等，2019）。除此之外，葛根也经常被用于糖尿病、心绞痛、颈椎病等的治疗（陆孝成，2020；程少强和陈鹏，2020；曹绍兰和张效科，2020）。

葛根在新冠病毒感染者治疗中也起到了重要的作用。在关于抗氧化应激的研究文献中，临床用药以及新冠病毒感染用药的化学成分以白藜芦醇和葛根素的抗氧化应激作用更显著（惠香香和苗明三，2020）。临床中应用葛根汤颗粒、葛根岑连汤、葛根加半夏汤和十神汤（葛根、升麻、炙甘草、川芎、麻黄、紫苏叶、白芷、赤芍、香附、陈皮），对早期新型冠状病毒感染具有良好的治疗效果（倪萍和战丽彬，2020；王刚和金劲松，2020；唐杨等，2020）。其中，葛根汤方先后被列入《湖北省中医院新型冠状病毒感染的肺炎中医药防治协定方（第一版）》与《山东省新型冠状病毒肺炎中医药防治方案（2022优化版）》，之后，葛根汤颗粒又被认定为贵州省新型冠状病毒防控用药。广东省中医药局《关于印发〈广东省2021年夏季新冠疫情期间中医治未病指引〉的通知》中，针对平素身体状况较好，无基础疾病，但受气候影响，出汗较多，容易口干、饮水较多、容易怕热及胃口一般者的普通人群预防方的处方组成为竹叶5g、葛根100g、沙参15g、党参15g、甘草10g、东北大米25g、陈皮20g、薏砂仁30g，其中葛根的用量最大。

葛根作为传统中药材，在现代医药领域的应用很广，备受各大医药厂家的青睐。目前，葛根及其提取物葛根素在防治心脑血管疾病、高血压、高血糖等疾病方面应用广泛，已成为各级医院心脑血管治疗用药中前三位的首选药物之一（邓晓娟等，2002）。除提取葛根中有效成分葛根素制成的化学药剂葛根素注射液、葛根素葡萄糖注射液、葛根素滴眼液、复方葛根氢氯噻嗪片外，葛根在医药上大部分应用于中成药制剂。《中华人民共和国药典》（2020年版　一部）的成方制剂中，以葛根为原料的方剂多达90个（表7-2）。除部分保密品种未公布配方外，含葛根的中成药制剂中，葛根含量占比较多的有愈风宁心胶囊（100.00%）、愈风宁心片（100.00%）、心血宁胶囊（85.71%）、心血宁片（85.71%）、葛根芩连片（50.00%）、葛根芩连丸（50.00%）、脑得生片（39.25%）、脑得生丸（39.25%）、脑得生颗粒（39.25%）、脑得生胶囊（39.32%）、心安宁片（33.13%）和心可舒片（31.91%）等。

表 7-2　《中华人民共和国药典》（2020 年版　一部）中含葛根的中成药的功能与主治及葛根含量

序号	中成药	功能与主治	葛根含量/%
1	愈风宁心片	解痉止痛，增强脑及冠脉血流量。用于高血压头晕，头痛，颈项疼痛，冠心病，心绞痛，神经性头痛，早期突发性耳聋	100.00
2	愈风宁心胶囊	解痉止痛，增强脑及冠脉血流量。用于高血压头晕，头痛，颈项疼痛，冠心病，心绞痛，神经性头痛，早期突发性耳聋	100.00
3	心血宁片	活血化瘀，通络止痛。用于瘀血阻络引起的胸痹，心痛，眩晕；冠心病心绞痛，高血压，高脂血症等等见上述证候者	85.71
4	心血宁胶囊	活血化瘀，通络止痛。用于瘀血阻络引起的胸痹，心痛，眩晕；冠心病心绞痛，高血压，高脂血症等等见上述证候者	85.71
5	葛根芩连丸	解肌透表，清热解毒，利湿止泻。用于湿热蕴结所致的泄泻腹痛、便黄而黏、肛门灼热；及风热感冒所致的发热恶风、头痛身痛	50.00
6	葛根芩连片	解肌清热，止泻止痢。用于湿热蕴结所致的泄泻、痢疾，症见身热烦渴、下痢臭秽、腹痛不适	50.00
7	脑得生胶囊	活血化瘀，通经活络。用于瘀血阻络所致的眩晕、中风，症见肢体不用、言语不利及头晕目眩；脑动脉硬化、缺血性中风及脑出血后遗症见上述证候者	39.32
8	脑得生丸	活血化瘀，通经活络。用于瘀血阻络所致的眩晕、中风，症见肢体不用、言语不利及头晕目眩；脑动脉硬化、缺血性中风及脑出血后遗症见上述证候者	39.25
9	脑得生片	活血化瘀，通经活络。用于瘀血阻络所致的眩晕、中风，症见肢体不用、言语不利及头晕目眩；脑动脉硬化、缺血性中风及脑出血后遗症见上述证候者	39.25
10	脑得生颗粒	活血化瘀，通经活络。用于瘀血阻络所致的眩晕、中风，症见肢体不用、言语不利及头晕目眩；脑动脉硬化、缺血性中风及脑出血后遗症见上述证候者	39.25
11	心安宁片	养阴宁心，化瘀通络，降血脂。用于血脂过高，心绞痛以及高血压引起的头痛、头晕、耳鸣、心悸	33.13
12	心可舒片	活血化瘀，行气止痛。用于气滞血瘀引起的胸闷、心悸、头晕、头痛、颈项疼痛；冠心病心绞痛、高血脂、高血压、心律失常见上述证候者	31.91
13	小儿腹泻宁糖浆	健脾和胃，生津止泻，用于脾胃气虚所致的泄泻，症见大便泄泻、腹胀腹痛、纳减、呕吐、口干、倦怠乏力、舌淡苔白	26.32
14	小儿柴桂退热颗粒	发汗解表，清里退热，用于小儿外感发热。症见发热，头身痛，流涕，口渴，咽红，溲黄，便干	26.00
15	消渴丸	滋肾养阴，益气生津。用于气阴两虚所致的消渴病，症见多饮、多尿、多食、消瘦、体倦乏力、眠差、腰痛；2 型糖尿病见上述证候者	24.38
16	清暑益气丸	祛暑利湿，补气生津。用于中暑受热，气津两伤，症见头晕身热、四肢倦怠、自汗心烦、咽干口渴	20.21

续表

序号	中成药	功能与主治	葛根含量/%
17	表虚感冒颗粒	散风解肌，和营退热。用于感冒风寒表虚证，症见发热恶风、有汗、头痛项强、咳嗽痰白、鼻鸣干呕、苔薄白、脉浮缓	20.00
18	正心泰片	补气活血，化瘀通络。用于气虚血瘀所致的胸痹，症见胸痛、胸闷、心悸、气短、乏力；冠心病心绞痛见上述证候者	18.00
19	正心泰胶囊	补气活血，化瘀通络。用于气虚血瘀所致的胸痹，症见胸痛、胸闷、心悸、气短、乏力；冠心病心绞痛见上述证候者	18.00
20	芪明颗粒	益气生津，滋养肝肾，通络明目。用于2型糖尿病视网膜病变单纯型，中医辨证属气阴亏虚、肝肾不足、目络瘀滞证，症见视物昏花、目睛干涩、神疲乏力、五心烦热、自汗盗汗、口渴喜饮、便秘、腰膝酸软、头晕、耳鸣	17.77
21	葛根汤片	发汗解表，升津舒经。用于风寒感冒，症见：发热恶寒，鼻塞流涕，咳嗽咽痒，咯痰稀白，无汗，头痛身疼，项背强急不舒，苔薄白或薄白润，脉浮或浮紧	17.14
22	葛根汤颗粒	发汗解表，升津舒经。用于风寒感冒，症见：发热恶寒，鼻塞流涕，咳嗽咽痒，咯痰稀白，无汗，头痛身疼，项背强急不舒，苔薄白或薄白润，脉浮或浮紧	17.14
23	清音丸	清热利咽，生津润燥。用于肺热津亏，咽喉不利，口舌干燥，声哑失音	16.67
24	感冒止咳糖浆	清热解表，止咳化痰。用于外感风热所致的感冒，症见发热恶风、头痛鼻塞、咽喉肿痛、咳嗽、周身不适	16.66
25	感冒止咳颗粒	清热解表，止咳化痰。用于外感风热所致的感冒，症见发热恶风、头痛鼻塞、咽喉肿痛、咳嗽、周身不适	16.66
26	镇脑宁胶囊	熄风通络。用于风邪上扰所致的头痛头昏、恶心呕吐、视物不清、肢体麻木、耳鸣；血管神经性头痛、高血压、动脉硬化见上述证候者	16.57
27	丹蒌片	宽胸通阳，化痰散结，活血化瘀。用于痰瘀互结所致的胸痹心痛，症见胸闷胸痛，憋气，舌质紫暗，苔白腻；冠心病心绞痛见上述证候者	16.51
28	颈痛颗粒	活血化瘀、行气止痛。用于神经根型颈椎病属血瘀气滞、脉络闭阻证。症见颈、肩及上肢疼痛，发僵或窜麻、窜痛	15.00
29	冠脉宁胶囊	活血化瘀，行气止痛。用于胸部刺痛、固定不移、入夜更甚，心悸不宁，舌质紫暗，脉沉弦；冠心病，心绞痛，冠状动脉供血不足见上述证候者	14.73
30	松龄血脉康胶囊	平肝潜阳，镇心安神。用于肝阳上亢所致的头痛、眩晕、急躁易怒、心悸、失眠；高血压病及原发性高脂血症见上述证候者	13.99
31	玉泉颗粒	养阴益气，生津止渴，清热除烦。主治气阴不足，口渴多饮，消食善饥；糖尿病属上述证候者	13.66
32	玉泉胶囊	养阴益气，生津止渴，清热除烦。主治气阴不足，口渴多饮，消食善饥；糖尿病属上述证候者	13.66

续表

序号	中成药	功能与主治	葛根含量/%
33	桑葛降脂丸	补肾健脾，通下化瘀，清热利湿。用于脾肾两虚、痰浊血瘀型高脂血症	13.64
34	心通口服液	益气活血，化痰通络。用于气阴两虚、痰瘀痹阻所致的胸痹，症见心痛、胸闷、气短、呕恶、纳呆；冠心病心绞痛见上述证候者	13.39
35	参精止渴丸	益气养阴，生津止渴。用于气阴两亏、内热津伤所致的消渴，症见少气乏力、口干多饮、易饥、形体消瘦；2 型糖尿病见上述证候者	12.82
36	益气聪明丸	益气升阳，聪耳明目。用于视物昏花，耳聋耳鸣	12.24
37	外感风寒颗粒	解表散寒，退热止咳。用于风寒感冒，恶寒发热，头痛项强，全身酸疼，鼻塞流清涕，咳嗽，苔薄白，脉浮	12.19
38	表实感冒颗粒	发汗解表，祛风散寒。用于感冒风寒表实证，症见恶寒重发热轻、无汗、头项强痛、鼻流清涕、咳嗽、痰白稀	11.69
39	小儿热速清口服液	清热解毒，泻火利咽。用于小儿外感风热所致的感冒，症见高热、头痛、咽喉肿痛、鼻塞流涕、咳嗽、大便干结	10.75
40	小儿热速清颗粒	清热解毒，泻火利咽。用于小儿外感风热所致的感冒，症见高热、头痛、咽喉肿痛、鼻塞流涕、咳嗽、大便干结	10.75
41	舒筋通络颗粒	补肝益肾，活血舒筋。用于颈椎病属肝肾阴虚，气滞血瘀证，症见头昏，头痛，胀痛或刺痛，耳聋，耳鸣，颈项僵直，颈、肩、背疼痛，肢体麻木，倦怠乏力，腰膝酸软，口唇色暗，舌质暗红或有瘀斑	10.71
42	参苏丸	益气解表，疏风散寒，祛痰止咳。用于身体虚弱、感受风寒所致感冒，症见恶寒发热、头痛鼻塞、咳嗽痰多、胸闷呕逆、乏力气短	10.71
43	十味消渴胶囊	益气养阴，生津止渴，用于消渴病气阴两虚证，症见口渴喜饮、自汗盗汗、倦怠乏力、五心烦热；2 型糖尿病见上述证候者	10.52
44	小儿热速清糖浆	清热解毒，泻火利咽。用于小儿外感风热所致的感冒，症见高热、头痛、咽喉肿痛、鼻塞流涕、咳嗽、大便干结	10.31
45	消渴平片	益气养阴，清热泻火。用于阴虚燥热，气阴两虚所致的消渴病，症见口渴喜饮、多食、多尿、消瘦、气短、乏力、手足心热；2 型糖尿病见上述证候者	8.00
46	养心氏片	益气活血，化瘀止痛。用于气虚血瘀所致的胸痹，症见心悸气短、胸闷、心前区刺痛；冠心病心绞痛见于上述证候者	8.99
47	正心降脂片	益气活血，祛痰降浊。用于气虚血瘀，痰浊蕴结所致的胸痹、心痛、头痛、眩晕	8.86
48	养阴降糖片	养阴益气，清热活血。用于气阴不足、内热消渴，症见烦热口渴、多食多饮、倦怠乏力；2 型糖尿病见上述证候者	8.71
49	肠胃宁片	健脾益肾，温中止痛，涩肠止泻。用于脾肾阳虚所致的泄泻，症见大便不调、五更泄泻、时带黏液，伴腹胀腹痛、胃脘不舒、小腹坠胀；慢性结肠炎、溃疡性结肠炎、肠功能紊乱见上述证候者	8.60

续表

序号	中成药	功能与主治	葛根含量/%
50	津力达颗粒	益气养阴，健脾运津。用于 2 型糖尿病气阴两虚证，症见：口渴多饮，消谷易饥，尿多，形体渐瘦，倦怠乏力，自汗盗汗，五心烦热，便秘等	8.60
51	感冒清热口服液	疏风散寒，解表清热。用于风寒感冒，头痛发热，恶寒身痛，鼻流清涕，咳嗽，咽干	8.47
52	感冒清热颗粒	疏风散寒，解表清热。用于风寒感冒，头痛发热，恶寒身痛，鼻流清涕，咳嗽咽干	8.47
53	感冒清热胶囊	疏风散寒，解表清热。用于风寒感冒，头痛发热，恶寒身痛，鼻流清涕，咳嗽咽干	8.47
54	感冒清热咀嚼片	疏风散寒、解表清热。用于风寒感冒，头痛发热，恶寒身痛，鼻流清涕，咳嗽咽干	8.47
55	清瘟解毒丸	清瘟解毒。用于外感时疫，憎寒壮热，头痛无汗，口渴咽干，疹腮，大头瘟	8.33
56	脑脉泰胶囊	益气活血，熄风豁痰。用于中风气虚血瘀，风痰瘀血闭阻脉络证，症见半身不遂、口舌歪斜、言语謇涩、头晕目眩、半身麻木、气短乏力；缺血性中风恢复期及急性期轻症见上述证候者	8.04
57	解肌宁嗽丸	解表宣肺，止咳化痰。用于外感风寒、痰浊阻肺所致的小儿感冒发热、咳嗽痰多	8.00
58	小儿清肺止咳片	清热解表，止咳化痰。用于小儿外感风热、内闭肺火所致的身热咳嗽、气促痰多、烦躁口渴、大便干燥	7.79
59	芪参胶囊	益气活血，化瘀止痛。用于冠心病稳定型劳累型心绞痛Ⅰ、Ⅱ级，中医辨证属气虚血瘀证者，症见胸痛，胸闷，心悸气短，神疲乏力，面色紫暗，舌淡紫，脉弦而涩	7.76
60	小儿解表颗粒	宣肺解表，清热解毒。用于小儿外感风热所致的感冒，症见发热恶风、头痛咳嗽、鼻塞流涕、咽喉痛痒	7.69
61	糖脉康片	养阴清热，活血化瘀，益气固肾。用于糖尿病气阴两虚兼血瘀所致的倦怠乏力、气短懒言、自汗、盗汗、五心烦热、口渴喜饮、胸中闷痛、肢体麻木或刺痛、便秘、舌质红少津、舌体胖大、苔薄或花剥或舌黯有瘀斑、脉弦细或细数，或沉涩等症及 2 型糖尿病并发症见上述证候者	7.50
62	糖脉康颗粒	养阴清热，活血化瘀，益气固肾。用于糖尿病气阴两虚兼血瘀所致的倦怠乏力、气短懒言、自汗、盗汗、五心烦热、口渴喜饮、胸中闷痛、肢体麻木或刺痛、便秘、舌质红少津、舌体胖大、苔薄或花剥或舌黯有瘀斑、脉弦细或细数，或沉涩等症及 2 型糖尿病并发症见上述证候者	7.50
63	糖脉康胶囊	养阴清热，活血化瘀，益气固肾。用于糖尿病气阴两虚兼血瘀所致的倦怠乏力、气短懒言、自汗、盗汗、五心烦热、口渴喜饮、胸中闷痛、肢体麻木或刺痛、便秘、舌质红少津、舌体胖大、苔薄或花剥或舌黯有瘀斑、脉弦细或细数，或沉涩等症及 2 型糖尿病并发症见上述证候者	7.50

续表

序号	中成药	功能与主治	葛根含量/%
64	小儿泻痢片	清热利湿，止泻。用于小儿湿热下注所致的痢疾、泄泻，症见大便次数增多或里急后重、下利赤白	7.50
65	利脑心胶囊	活血祛瘀，行气化痰，通络止痛。用于气滞血瘀，痰浊阻络所致的胸痹刺痛、绞痛，固定不移，入夜更甚，心悸不宁，头晕头痛；冠心病、心肌梗死，脑动脉硬化、脑血栓见上述证候者	7.44
66	肠胃适胶囊	清热解毒、利湿止泻。用于大肠湿热所致的泄泻、痢疾，症见腹痛、腹泻，或里急后重、便下脓血；急性胃肠炎、痢疾见上述证候者	7.34
67	保济丸	解表，祛湿，和中。用于暑湿感冒，症见发热头痛、腹痛腹泻、恶心呕吐、肠胃不适；亦可用于晕车晕船	7.27
68	保济口服液	解表，祛湿，和中。用于暑湿感冒，症见发热头痛、腹痛腹泻、恶心呕吐、肠胃不适；亦可用于晕车晕船	7.26
69	心脑康胶囊	活血化瘀，通窍止痛。用于瘀血阻络所致的胸痹、眩晕，症见胸闷、心前区刺痛、眩晕、头痛；冠心病心绞痛、脑动脉硬化见上述证候者	6.93
70	心舒宁片	活血化瘀。用于心脉瘀阻所致的胸痹、心痛、冠心病心绞痛、冠状动脉供血不全见上述证候者	6.83
71	柴银口服液	清热解毒，利咽止咳。用于上呼吸道感染外感风热证，症见：发热恶风，头痛、咽痛，汗出、鼻塞流涕、咳嗽，舌边尖红，苔薄黄	6.80
72	抗栓再造丸	活血化瘀，舒筋通络，息风镇痉。用于瘀血阻窍、脉络失养所致的中风，症见手足麻木、步履艰难、瘫痪、口眼歪斜、言语不清；中风恢复期及后遗症见上述证候者	6.57
73	根痛平颗粒	活血，通络，止痛。用于风寒阻络所致颈、腰椎病，症见肩颈疼痛、活动受限、上肢麻木	6.25
74	妙灵丸	清热化痰，散风镇惊。用于外感风热夹痰所致的感冒，症见咳嗽发烧、头痛眩晕，咳嗽、呕吐痰涎、鼻干口燥、咽喉肿痛	6.03
75	儿宝颗粒	健脾益气，生津开胃。用于脾气虚弱、胃阴不足所致的纳呆厌食、口干燥渴、大便久泻、面黄体弱、精神不振、盗汗	5.17
76	脂脉康胶囊	消食，降脂，通血脉，益气血。用于瘀浊内阻、气血不足所致的动脉硬化症、高脂血症	4.85
77	麝香抗栓胶囊	通络活血，醒脑散瘀。用于中风气虚血瘀症，症见半身不遂、言语不清、头昏目眩	4.80
78	障眼明片	补益肝肾，退翳明目。用于肝肾不足所致的干涩不舒、单眼复视、腰膝酸软或轻度视力下降；早、中期老年性白内障见上述证候者	4.65
79	当归拈痛丸	清热利湿，祛风止痛。用于湿热闭阻所致的痹病，症见关节红肿热痛或足胫红肿热痛；亦可用于疮疡	4.08
80	壮骨伸筋胶囊	补益肝肾，强筋壮骨，活络止痛。用于肝肾两虚、寒湿阻络所致的神经根型颈椎病，症见肩臂疼痛、麻木、活动障碍	3.95

续表

序号	中成药	功能与主治	葛根含量/%
81	牛黄净脑片	清热解毒，镇惊安神。用于热盛所致的神昏狂躁，头目眩晕，咽喉肿痛等症。亦用于小儿内热，惊风抽搐等	3.68
82	糖尿乐胶囊	益气养阴，生津止渴。用于气阴两虚所致的消渴病，症见多食、多饮、多尿、消瘦、四肢无力	2.88
83	小儿金丹片	祛风化痰，清热解毒。用于外感风热，痰火内盛所致的感冒，症见发热、头痛、咳嗽、气喘、咽喉肿痛、呕吐，及高热惊风	2.84
84	参乌健脑胶囊	补肾填精，益气养血，强身健脑。用于肾精不足，肝气血亏所引致的精神疲惫、失眠多梦、头晕目眩、体乏无力、记忆力减退	2.81
85	清眩治瘫丸	平肝息风，化痰通络。用于肝阳上亢、肝风内动所致的头目眩晕、项强头胀、胸中闷热、惊恐虚烦、痰涎壅盛、言语不清、肢体麻木、口眼歪斜、半身不遂	2.66
86	香苏调胃片	解表和中，健胃化滞。用于胃肠积滞、外感时邪所致的身热体倦、饮食少进、呕吐乳食、腹胀便泻、小便不利	2.62
87	醒脑再造胶囊	化痰醒脑，祛风活络。用于风痰闭阻清窍所致的神志不清、言语謇涩、口角流涎、筋骨酸痛、手足拘挛、半身不遂；脑血栓恢复期及后遗症见上述证候者	2.52
88	人参再造丸	益气养血，祛风化痰，活血通络，用于气虚血瘀、风痰阻络所致的中风，症见口眼歪斜、半身不遂、手足麻木、疼痛、拘挛、言语不清	1.93
89	再造丸	祛风化痰，活血通络。用于风痰阻络所致的中风，症见半身不遂、口舌歪斜、手足麻木、疼痛痉挛、言语謇涩	1.83
90	颈复康颗粒	活血通络，散风止痛。用于风湿瘀阻所致的颈椎病，症见头晕、颈项僵硬、肩背酸痛、手臂麻木	未查到

数据来源：《中华人民共和国药典》（2020 年版 一部）

（四）葛根保健品的开发利用

鉴于葛根良好的功效及绿色健康的特性，葛根可广泛应用于保健食品的开发。目前，科研工作者已研制开发出各种葛根保健饮料。陆宁等（1998）开发出适合老年人饮用的葛根-茯苓膨化粉，可去热解烦、生津止渴、益脾胃和宁心安神等。杨波等（1994）研制出固态葛根解酒茶。谷万章等（1999）用葛根黄酮提取液与柴胡、黄芪、甘草或菊花等传统中草药搭配，制备出具有清咽利嗓功效，可用于治疗发热、视网膜动脉阻塞等的葛根口服液。2020 年，以"葛根"为关键词，在国家市场监督管理总局网站进行检索，获得了 588 个葛根相关保健食品。其中，对化学性肝损伤有辅助保护功能的保健食品占比最大，种类较多，共有 174 个，其类型主要有葛根胶囊、糖、口服液、饮料、茶、颗粒剂、含片、粉剂、冲剂、丸剂等。其他功能性保健食品数量由多到少依次是：辅助降血糖/调节血糖的 108 个，辅助降血脂/调节血脂的 82 个，增强免疫力/免疫调节的 51 个，辅助降血压/

调节血压的 43 个，增加骨密度的 35 个，缓解体力疲劳/抗疲劳的 23 个，提高缺氧耐受力的 13 个，延缓衰老的 12 个，抗氧化、改善睡眠和美容的各 8 个，缓解视疲劳/改善视力的 6 个，改善记忆的 4 个，改善胃肠道功能、促进泌乳和减肥的各 3 个，清咽和通便的各 2 个。

（五）葛根化妆品开发利用

中草药美容作为一种新型的美容方式，安全、自然，副作用小，同时具有保健功效，越来越被人们认可。国家食品药品监督管理总局（现国家市场监督管理总局）明确了野葛根提取物为化妆品原料。野葛根提取物在美容领域应用最广泛的功能是舒血管、抗氧化和丰胸。葛根可有效改善胸部毛细血管微循环，从而增大胸围，而且葛根还有清除体内过多氧自由基的作用，利于美容养颜、延缓衰老（费燕和潘俊，2012）。占晨等（2019）将野生葛根用酒精回流提取黄酮类化合物，并将黄酮加入化妆品中，黄酮美白霜具有美白效果。2020 年，以"葛根"为关键词，检索国家药品监督管理局化妆品信息，共查询到 9 种现行有效的备案信息，化妆品类别包括浓缩葛根身体凝露、野葛根精华液、葛根龙脑眼贴和野葛根祛痘膏等。

（六）葛根作为兽医药的开发利用

以纯中药防治家禽、家畜疾病具有安全、无残留，不构成社会食品安全问题的特点，为解决肉类食品安全问题开辟了新途径（金剑等，2020）。2020 年，在农业农村部系统查询到的以葛根为主要原料的兽药有双葛止泻口服液，主要成分为葛根、金银花、黄芩、黄连、白芍等［（2019）新兽药证字 48 号］，主治腹泻热泄泻；金葛解毒口服液［（2015）新兽药证字 46 号］，主要成分为金银花、葛根、甘草，可缓解鸡因黄曲霉毒素中毒引起的食欲不振、生长抑制；连葛口服液［（2013）新兽药证字 4 号］，主要成分为葛根、黄芩、黄连、甘草，可清热燥湿、泻火解毒，主治鸡大肠杆菌病；柴葛解肌颗粒［（2012）新兽药证字 28 号］，主要成分有柴胡、干葛、甘草、黄芩、羌活、白芷、芍药、桔梗等，可解肌清热，主治感冒发热；香葛止痢散，主要成分为藿香、葛根、板蓝根、紫花地丁，可清热解毒、燥湿醒脾、和胃止泻，主治仔猪黄痢、白痢；金葛止痢散，主要成分为葛根、黄连、黄芩、金银花、甘草，可清热燥湿、止泻止痢，主治湿热泄泻。2012 年，葛根收录到农业部指定的《饲料原料目录》，为葛根的综合利用提供了新途径。宋希等（2012）发现葛根对生长肥育猪氨基酸的沉积具有正调控作用，这可能与葛根富含异黄酮类化合物有关。张晓东等（2020）验证了双葛止泻口服液对麻鸡大肠杆菌病的治疗效果，结果显示治疗效果良好。

（七）葛根发酵

葛根内淀粉含量丰富，每 7.15kg 的鲜葛根可发酵 1kg 酒精，既可以用来酿造葛根酒，还可以用来生产燃料酒精，因此葛根可作非粮生物质能源生产燃料酒精的原料（龙汉利等，2008）。随着国家对生物燃料酒精的导向及重视，葛根产业也有了更为广阔的发展空间。目前，我国以淀粉为原料发酵制取酒精的技术已比较成熟，并实现了工业化生产，葛根作为生产燃料酒精的原料，其加工工艺和成本与木薯比较接近（毛冬梅，2011）。

葛根酒是"饮"与"疗"高度结合的功能酒之一，顺应了目前酒类多样性需求的发展趋势，具有广阔的市场前景。葛根酒的开发丰富了葛根加工产品的种类，提升了葛产品的附加值，是对葛资源更进一步地充分利用。葛根酒有两种类型：一种是以葛根为原料进行发酵得来，另一种是葛根经一定浓度的食用酒精浸泡而来，其中，发酵酒对于葛根的利用率更高，同时还可以保留葛根特有的风味，使葛根的保健功能发挥得更为充分。

研究者对葛根酒的酿造工艺进行了研究。周媛等（2004）以葛粉、玉米和糯米酿造了葛根酒；王克明（2005）将新鲜葛根∶水按1∶4的比例打浆后，在80℃下酶解浸泡24h，酿造了葛根酒；梁彬霞等（2008）以黑糯米和葛根为原料，酿制出黑糯米葛根酒；张鑫等（2011）研究表明人工葛根和糯米等量混合制作的葛根酒产酒率最高；邱远（2013）认为以葛根粉为原料制作的葛根酒中葛根素含量最高。酵母是发酵酿酒过程中的关键因素之一。邵伟等（2003）利用黑曲酶、球拟酵母和酿酒酵母的混合菌种封缸发酵酿制出葛根酒；王克明（2005）利用3种不同的酿酒酵母和产香酵母来酿造葛根酒，葛根酒质量稳定，酒体芳香；张丽杰等（2007）采用α-淀粉酶和糖化酶酶解，然后利用酵母发酵，得到葛根酒最大的酒精度——6.4%（V/V）。

葛根除能发酵成酒外，也可以发酵成葛根醋。邵伟等（2004）报道，葛根醋酸发酵用醋酸菌接种量为5%，在30℃培养温度下发酵20d，生产的葛根保健醋口感好，风味独特，具有较良好的保健功能。张鹏斐（2012）集成了葛根醋发酵的最佳工艺条件：醋酸发酵阶段使用AS1.41醋酸菌，摇床发酵，初始酒度为7%，接种量为8%，pH为4，在30℃温度的恒温振荡箱中发酵6d，最终总酸含量达52.3g/L。

（八）葛藤、葛叶的综合开发利用

葛藤中的纤维是传统的织物，在我国应用历史十分悠久。葛藤纤维韧性好且细长，可用来提取葛麻。葛藤提取的葛麻不仅弹性好、拉力强、耐腐蚀、耐潮湿，而且具有消炎、抗菌等作用，可用于造纸和织布，制作葛包、衣服、葛绳、地毯、沙发等精美的工艺品，具有良好的经济和实用价值。有研究显示，用葛藤叶晒制的干草含92.9%的干物质，其中粗脂肪为2.65%～4.87%，粗蛋白质为16.5%～22.5%，是一种天然优质的蛋白饲料（吕梦云，2017）。葛藤中含有大量的异黄酮类化合物，主要成分为大豆苷、大豆苷元、葛根素，与葛根中的异黄酮成分相似（吴向阳等，2009）。葛藤经杀青、定色、灭菌等操作可制成葛茶（郁建华，2006）。但目前葛藤的利用率偏低，开发程度远远不够。

葛叶是良好的饲料资源，含有粗蛋白质 21.21%、粗脂肪 4.8%、粗纤维 24.39%、钙 2.63%、磷 0.4%，同时含有 16 种以上的氨基酸，19 种畜禽必需的常量元素和微量元素（梁远东和潘广燊，2004），可直接放牧，也可制成干草磨碎成葛渣喂饲牲畜和家禽。由于葛叶中蛋白质含量高，研究者集成了从葛叶中提取蛋白质的工艺（何美军等，2011）。葛叶具有防治动物疾病，增强抵抗力的作用（刘建林等，2005）。使用葛叶粉饲喂的长毛兔和羊的体重比不加葛叶粉的对照组增加（马玉胜，1999；李中利和张照喜，2001）。葛叶中含有异黄酮类化合物等多种资源性活性成分，含量虽不及块根，但葛叶量大、持续生长、采收方便，且植株为多年生，若能充分利用，亦可产生巨大经济效益（潘玲玲等，2011）。

（九）葛花的综合开发利用

葛花是传统医学中最常用的解酒药物，历代古典书籍《本草经集注》《救荒本草》《新修本草》《备急千金要方》《本草图经》《肘后方》《本草蒙筌》《本草乘雅半偈》《滇南本草》《本草纲目》《本草易读》《本经逢原》《本草害利》《本草述》《医方考》《药鉴》《脾胃论》《宣明论方》《御药院方》《圣济总录》《本草崇原》《药笼小品》等均有关于葛花功效的记载，其功效为解酒醒脾，可用于治疗伤酒发热烦渴、不思饮食、呕逆吐酸、吐血、肠风下血等。

葛花解醒汤作为解酒良方之一，一直受到医家重视。该方主要用来治疗酒积伤脾，解酒，以及治疗酒精性肝病。凡饮酒过量导致的眩晕呕吐、心神烦乱、胸膈痞闷、手足战摇、食少体倦或小便不利等症状，均可使用葛花解醒汤进行治疗。研究发现，葛花解醒汤能保护肝细胞功能，改善酒精依赖症的肝损害症状，改善肝功能和血脂水平，安全而稳定（方艳琳等，2009；常俊华和孙国朝，2012；李军等，2013；谭珍媛等，2017a），这可能与提高肝脏中乙醇脱氢酶及谷胱甘肽的活性，降低血清中谷草转氨酶及谷丙转氨酶的活性有关。高学清（2013）认为，一方面，葛花通过提高肝组织抗氧化能力，抑制 $CYP2E1$ 表达，且通过降低炎症信号分子 $Myd88$ 及 $TLR4$ 的表达水平，从而减轻炎症性肝损伤和氧化应激反应；另一方面，葛花可能作为配体来激活 $PPAR\alpha$ 或受 $AMPK\alpha2$ 的激活作用进一步提高 $PPAR\alpha$ 的表达量，从而促进脂肪酸的氧化分解，达到降低脂质的效果。

除葛花解醒汤外，历代古典书籍亦有众多关于葛花古方的记载（表 7-3），如葛花平胃散、加减葛花汤、葛花解毒饮、加味葛花解醒汤、黄耆葛花丸、葛花清脾汤、葛花丸等。随着社会的快速发展、生活水平的提高、大健康产业的发展和人们健康意识的增强，葛花产品的开发必将受到重视，将具有广阔的应用前景。

表 7-3 以葛花为原料的古方

古方名称	古籍出处	功效
葛花散	《肘后方》（东晋·葛洪）	欲使难醉，醉则不损人方
	《圣济总录》（宋·赵佶）	治饮酒中毒
	《御药院方》（元·许国祯）	饮酒令人不醉
葛花解酲汤	《脾胃论》（金·李东垣）	治饮酒太过，呕吐痰逆，心神烦乱，胸膈痞塞，手足战摇，饮食减少，小便不利
	《医方考》（明·吴昆）	葛花之寒，能解中酒之毒
	《普济方》（明·朱橚）	治宿食酒伤，胸膈满闷，口吐酸水，恶食呕逆；及年远日久，酒疸面眼俱黄，不思饮食
	《仁术便览》（明·张洁）	治酒客病，令上下分消其湿。又治饮酒太过，呕吐痰逆，心神烦乱，胸膈痞塞，手足战摇，饮食减少，小便不利
	《明医指掌》（明·皇甫中）	治饮酒太过，呕吐痰逆，心神烦乱，胸膈痞塞，手足战摇，饮食减少，小便不利
	《汤头歌诀》（清·汪昂）	葛花引湿热从肌肉出
	《医方论》（清·费伯雄）	补脾利湿，又兼快胃，故能治吐泻痞满等症。用葛花者，所以解酒毒
	《目经大成》（清·黄庭镜）	葛花、枳专解酒毒
	《医宗金鉴》（清·吴谦）	治酒客病
	《冯氏锦囊秘录》（清·冯北张）	专治酒积，上中下分消
	《医学摘粹》（清·庆恕）	伤酒者，呕逆心烦，胸满不食，小便不利是也。以葛花解酲汤主之
	《金匮翼》（清·尤怡）	治酒病，呕逆心烦，胸满不食，小便不利
葛花平胃散	《症因脉治》（明·秦景明）	酒湿成痿者，戒酒，服散湿热之药
加减葛花汤	《校注医醇剩义》（清·费伯雄）	嗜酒太过，伤肺而咳者
葛花解毒饮	《审视瑶函》（明·傅仁宇）	清湿热，解酒毒，滋肾水，降心火，明目
加味葛花解酲汤	《不知医必要》（清·梁廉夫）	饮酒过多而吐血
葛花半夏汤	《不知医必要》（清·梁廉夫）	治好饮酒人噎膈
黄耆葛花丸	《宣明论方》（金·刘完素）	肠中久积热，痔瘘下血，疼痛
葛花清脾汤	《笔花医镜》（清·江涵暾）	治酒湿生热生痰，头眩头痛
葛花丸	《普济方》（明·朱橚）	治醒酒、解毒、消痰
橘皮醒酲汤	《饮膳正要》（元·忽思慧）	治酒醉不解，呕噫吞酸
葛根散	《儒门事亲》（金·张从正）	解酒毒

　　与葛根一样，葛花中同样富含异黄酮类化合物，可解酒护肝、消炎、抗肿瘤、抗氧化，且具有雌激素样活性，因此可成为获取这些化合物的新来源（张志强等，2016）。葛花中还含有淀粉、蛋白质、多糖、氨基酸、皂苷类、挥发油类、生物碱、

甾醇类，以及丰富的 Ca、Fe、Zn、Cu、Mg 等元素（谭珍媛等，2017b），可用于医药产品、化妆品、保健食品、动物饲料、膳食补充剂的开发。此外，针对临床常见高血压、高血糖、高血脂、心脑血管疾病等慢性疾病，可将葛花作为食疗产品的辅助性治疗。

葛花除可用于临床调剂配方外，还可制备葛花饮料、口服液、冲剂、颗粒剂、茶剂、片剂、胶囊等。河南中医学院（2005）研发出的葛花汁乳饮料对大鼠急性酒精性肝损伤有保护预防作用。杜鹏等（2010）以葛根、葛花等为主要原料，优选了解酒酸乳饮料。Xiong 等（2010）研究发现，从葛花中提取的鸢尾苷对线粒体功能具有改善作用，可治疗酒精诱导的肝硬化。郭志芳等（2013）以葛花、枳椇子、甘露醇和糊精等为原料，研发了口感、质地、风味俱佳的醒酒功效咀嚼片。郑飞等（2015）优选出醒酒益肝颗粒。饶先军等（2015）利用葛花+葛根+乌梅，或葛花+葛根+杨梅汁+甘草+菊花，或葛花+桂圆+花生等制成养生葛花茶，具有提高人体免疫力、补血、滋润等功效，使人精神良好。

（十）其他

葛属植物生长迅速，易生不定根，在改良土壤、保持水土、绿化环境等方面具有极其重要的生态价值，是世界各国极为重视的水土保持植物（杨吉华等，1990）。此外，葛属于豆科植物，具有固氮功能。每公顷粉葛可固定 80～200kg 氮，可作为优质的绿肥来源改良土壤。葛的茎叶含大量养分，生长旺盛，落叶可厚达 2cm，既可提高土壤的疏松性，又可增加土壤中有机质和氮的含量（胡芳名等，2006），因此，葛可作为贫瘠土地的改良作物。此外，葛还可以用于地面绿化，葛渣可用于栽培食用菌或灵芝等。

（十一）葛相关企业及其产品

葛的开发应用范围非常广，以葛为原材料的加工企业也越来越多，主要分布在广西、江西、湖南、湖北、广东、安徽、重庆等地。企业的兴旺发展也进一步加速了葛产业的发展。江西是我国葛产品主要加工地之一，葛产品种类丰富，葛产品加工企业主要集中在上饶、萍乡、赣州等地，加工产品主要为葛粉、葛片、葛饮料、葛粉丝、葛面条、葛丁茶、葛花、葛根压片糖果、葛根酒、葛粉、葛花茶、葛桃酥等。其中，葛根粉是江西最常见的葛产品之一，实体店或者网络电商均有售卖。尽管广西种植葛的企业达 90 多家，但有条件开展加工的企业仅有少数几家。近年来，随着公司生产能力的提升及人们对粉葛产品需求多样化的增加，部分公司及合作社开展了葛加工产品的研发及生产，且具备了一定的生产规模，生产了葛根粒、葛根茶、葛根粉、葛根面、葛根片、葛根酒、葛根月饼、葛根蛋黄酥、葛菇面、葛花茶、葛根丁、葛粉皮、葛根酒，同时结合广西特色研发了葛根螺蛳粉、葛根罗汉果糖等产品，电商销售也增加了广西粉葛的销售渠道。湖北的葛企业除生产常规葛产品外，还生产葛根醋。湖南研发出葛根素滋养面膜、葛根素滋养保湿面霜、葛根美肤护肤霜、葛根素牙膏、葛根素香皂、葛根素滋养柔顺洗发水、葛根馒头粉、葛根饺子粉、葛根谷物冲调粉、葛根猪饲料、葛根催奶料、葛根鸡饲料、葛根饮料、葛根饼、葛根米、葛根精粉、葛根菊苣粉、中老年葛根粉、葛根胶囊、葛纤维包、葛纤维鞋和葛纤维文胸等葛产品，产品丰富，并取得了良好的经济效益，具有一定的社会影响力。安徽生产了葛根枳椇子茶、木瓜葛根汁、葛根鲜榨汁等。重庆生产的葛根软糖别具特色。

第三节　葛产业发展建议

随着大健康产业的发展，以及对药食同源作物葛的化学成分及功效研究的不断深入，葛必定会越来越受到大众的关注。目前，国内外对葛进行了较为深入的研究，但在葛资源的开发利用过程中，还存在一定的问题，主要体现在以下几个方面：

a）从葛产业分布上，产业规模化程度较低，目前各地葛产业建设开发均较为粗放，呈区域分散式种植，规模化和产业化程度较低，品种选育参差不齐，产品转化影响力较小；

b）从葛产业建设上，产业标准化程度较低，支撑葛产业的种植技术、生产加工标准以及质量管理体系标准化有待完善，配套的路、水、电、肥等专业化、标准化程度仍需加强；

c）从葛产业经营上，产业经营管理模式有待改进，葛产品与葛产业链条缺乏规划统筹，没有形成系统的葛产业链体系，极大地限制了葛产业链延伸效益的最大化。

基于国内外研究态势，以问题为导向，葛产业未来的发展建议从以下几个方面加强。

1. 培育葛品牌，打造优势产业

1）壮大葛产业基础

紧抓城乡一体化与乡村振兴、特色农业发展战略契机，以葛特色产业为抓手，壮大产业规模、强化产业设施配套，夯实生产基础；全力推进葛产业基地化、规模化、标准化、品牌化、科技化，做大做强葛产业。

2）横向延伸葛产业链条

围绕葛产业与丰富的葛产品优势，通过大力发展产品多样化链条，如农产品的粗加工基地、存储基站与运输中心等，拓展葛产业二产产业价值链；加强葛食品、保健品、药品、精深加工和综合利用与产业化发展，打造葛全产业链开发示范中心，加强"葛根小院"等特色园区建设。

3）叫响特色品牌

升级经营模式，利用网站、微博、微信等互联网平台，强化葛产业数据化建设，与乡村振兴理念相结合，推介葛产品品牌，鼓励企业在天猫、京东、抖音等电商渠道销售，支持、引导企业积极参加推介会，不断提升特色品牌竞争力。

4）大力推进招商引资

围绕引链补链强链，大力招引葛产业龙头企业、配套企业，签约更多优质项目，努力培养一批创新能力强、市场前景好的优质企业。

5）纵向发展葛产业第三产业

结合乡村振兴与环境建设，发展葛产业科研科普、葛产业产品技术论坛、葛产业特色园区研学游、葛产业产品交易展会、葛产业健康农家乐及康养疗养等新业态，建设立体产业链，推进葛与大健康产业融合发展，培育乡村产业发展新动能。

2. 做好葛科研，打造创新高地

1）多元化粉葛与野葛新品种选育

加大药用、菜用、淀粉加工用、花茶用等特色优异粉葛新品种的选育，推进野葛资源筛选和新品种选育，加强新品种工厂化快速繁育技术攻关，突破葛产业发展瓶颈问题。

2）基于生物功效的多元化产品开发

以专用粉葛、野葛品种为依托，加强葛药效物质基础、生物学机制、质量标志物等的研究，进一步开发健康食品、保健食品、药物等多元化产品，重视对葛经典名方的研究和二次开发。

3）完善葛全产业链标准

加快构建葛产业链标准技术体系，重点完成健康种苗、种植技术、储藏、淀粉加工、饮片生产等标准的制定或修订，为葛全产业的发展提供科技支撑。

4）重视种质资源创新利用

加强全国乃至全球葛资源普查、收集整理、鉴定评价与基因挖掘工作，通过全基因组测序、转录组联合代谢组学分析，挖掘淀粉、葛根素合成等重要性状关键基因并开发相关分子标记。

5）加强葛科普宣传与认知提升

利用电视、报纸、公众号等媒体，全方位、多角度开展葛文化及葛产品药食同源基本知识的宣传活动，提升全民对葛文化和葛产品的认知。

第八章　葛优异种质资源

第一节　优异粉葛种质资源

1. 贵港桂平粉葛 1 号

【分类地位】豆科葛属粉葛种

【采集地】广西壮族自治区贵港市桂平市紫荆镇花蕾村

【主要特征特性】草质藤本。三出复叶，叶片有裂缺。种植当年不开花，叶片冬季半脱落，植株上端有少许老叶。膨大块根纺锤形，薯肉色白，皮薄。块根含淀粉（图 8-1）。

图 8-1　贵港桂平粉葛 1 号

【优良特性】高淀粉高葛根素粉葛品种，蒸食口感极粉，无渣。块根干样淀粉含量 72.8%，鲜样淀粉含量 30.8%，干样葛根素含量 0.42%。平均薯长 50.0cm，平均薯宽 10.6cm，产量 2000～2500kg/亩。

【利用价值】适宜炒食、煲汤，可取淀粉或全粉做加工用。因符合《中华人民共和国药典》（2020 年版　一部）中对粉葛葛根素含量≥0.3%的标准，故亦可用作药材。

【收集人】严华兵　曹　升　尚小红　谢向誉

2. 梧州藤县粉葛 1 号

【分类地位】豆科葛属粉葛种

【采集地】广西壮族自治区梧州市藤县太平镇古秀村

【主要特征特性】草质藤本。三出复叶，叶片有裂缺。种植当年不开花，叶片冬季全脱落。膨大块根纺锤形，薯肉色白，皮薄。块根含淀粉（图 8-2）。

【优良特性】高淀粉低葛根素粉葛品种，蒸食口感粉，无渣。块根干样淀粉含量 72.6%，鲜样淀粉含量 31.4%，干样葛根素含量 0.02%。平均薯长 45.0cm，平均薯宽 8.7cm，产量 2500～3000kg/亩。

图 8-2　梧州藤县粉葛 1 号

【利用价值】适宜炒食、煲汤，可提取淀粉或全粉做加工用。

【收集人】严华兵　曹　升　尚小红　谢向誉

3. 梧州藤县粉葛 2 号

【分类地位】豆科葛属粉葛种

【采集地】广西壮族自治区梧州市藤县太平镇

【主要特征特性】草质藤本。三出复叶，叶片有裂缺。种植当年不开花，叶片冬季全脱落。膨大块根长纺锤形，薯肉色白，表皮薄。块根含淀粉（图 8-3）。

图 8-3　梧州藤县粉葛 2 号

【优良特性】高淀粉无渣粉葛品种，蒸食口感极粉，无渣。块根干样淀粉含量 77.3%，鲜样淀粉含量 36.7%，干样葛根素含量 0.12%。平均薯长 42.8cm，平均薯宽 9.9cm，产量 2500～3000kg/亩。

【利用价值】适宜炒食、煲汤，可提取淀粉加工成葛粉、葛面、葛酒等。

【收集人】严华兵　曹　升　尚小红　谢向誉

4. 南宁武鸣粉葛

【分类地位】豆科葛属粉葛种

【采集地】广西壮族自治区南宁市武鸣区

【主要特征特性】草质藤本。三出复叶，叶片有裂缺。种植当年不开花，叶片冬季全脱落。膨大块根长纺锤形，薯肉色白，表皮薄。块根含淀粉（图 8-4）。

图 8-4　南宁武鸣粉葛

【优良特性】高淀粉低葛根素无渣粉葛品种，蒸食口感粉，无渣。块根干样淀粉含量 68.2%，鲜样淀粉含量 24.3%，干样葛根素含量 0.10%。平均薯长 41.0cm，平均薯宽 12.0cm，产量 2500～3000kg/亩。

【利用价值】适宜炒食、煲汤，可提取淀粉加工成葛粉、葛面、葛酒等。

【收集人】曹　升　尚小红

5. 北海银海粉葛 1 号

【分类地位】豆科葛属粉葛种

【采集地】广西壮族自治区北海市银海区平阳镇

【主要特征特性】草质藤本。三出复叶，叶片有裂缺。种植当年不开花，叶片冬季全脱落。膨大块根长纺锤形，薯肉色白，表皮薄。块根含淀粉（图8-5）。

图8-5 北海银海粉葛1号

【优良特性】高淀粉中高葛根素粉葛品种，蒸食口感粉，无渣，少许甜。块根干样淀粉含量76.6%，鲜样淀粉含量27.0%，干样葛根素含量0.23%。平均薯长41.6cm，平均薯宽8.8cm，产量2500～3000kg/亩。

【利用价值】适宜炒食、煲汤，可提取淀粉或全粉加工成葛粉、葛面、葛酒等。

【收集人】严华兵 曹 升 谢向誉

6. 北海银海粉葛2号

【分类地位】豆科葛属粉葛种
【采集地】广西壮族自治区北海市银海区平阳镇
【主要特征特性】草质藤本。三出复叶，叶片有裂缺。种植当年不开花，叶片冬季全脱落。膨大块根长纺锤形，薯肉色白，表皮薄。块根含淀粉（图8-6）。

【优良特性】高淀粉中葛根素粉葛品种，蒸食口感粉，无渣。块根干样淀粉含量76.3%，鲜样淀粉含量23.6%，干样葛根素含量0.17%。平均薯长45.6cm，平均薯宽7.7cm，产量2500～3000kg/亩。

图 8-6 北海银海粉葛 2 号

【利用价值】适宜炒食、煲汤，可提取淀粉或全粉加工成葛粉、葛面、葛酒等。

【收集人】严华兵 曹 升 谢向誉

7. 北海合浦粉葛 1 号

【分类地位】豆科葛属粉葛种

【采集地】广西壮族自治区北海市合浦县廉州镇龙门江村

【主要特征特性】草质藤本。三出复叶，叶片有裂缺。种植当年不开花，叶片冬季全脱落。膨大块根长纺锤形，薯肉色白，表皮薄。块根含淀粉（图 8-7）。

【优良特性】中高淀粉高葛根素粉葛品种，蒸食口感粉，无渣，微甜。块根干样淀粉含量 66.8%，鲜样淀粉含量 24.2%，干样葛根素含量 0.38%。平均薯长 57.9cm，平均薯宽 9.8cm，产量 2500～3000kg/亩。

【利用价值】适宜炒食、煲汤，可提取淀粉或全粉做加工用。因符合《中华人民共和国药典》（2020 年版 一部）中对粉葛葛根素含量≥0.3%的标准，故亦可用作药材。

图 8-7　北海合浦粉葛 1 号

【收集人】严华兵　曹　升　谢向誉

8. 北海合浦粉葛 2 号

【分类地位】豆科葛属粉葛种

【采集地】广西壮族自治区北海市合浦县廉州镇龙门江村

【主要特征特性】草质藤本。三出复叶，叶片有裂缺。种植当年不开花，叶片冬季全脱落。膨大块根长纺锤形，薯肉色白，表皮薄。块根含淀粉（图 8-8）。

【优良特性】高淀粉中高葛根素粉葛品种，蒸食口感粉，少渣，微甜。块根干样淀粉含量 75.0%，鲜样淀粉含量 28.8%，干样葛根素含量 0.22%。平均薯长 45.3cm，平均薯宽 8.8cm，产量 2500～3000kg/亩。

【利用价值】适宜炒食、煲汤，可提取淀粉或全粉做加工用。

【收集人】严华兵　曹　升　谢向誉

9. 北海合浦粉葛 3 号

【分类地位】豆科葛属粉葛种

【采集地】广西壮族自治区北海市合浦县廉州镇龙门江村

图 8-8　北海合浦粉葛 2 号

【主要特征特性】草质藤本。三出复叶，叶片有裂缺。种植当年不开花，叶片冬季全脱落。膨大块根长纺锤形，薯肉色白，表皮薄。块根含淀粉（图 8-9）。

【优良特性】高淀粉高葛根素粉葛品种，蒸食口感粉，无渣。块根干样淀粉含量 70.2%，鲜样淀粉含量 25.6%，干样葛根素含量 0.35%。平均薯长 52.3cm，平均薯宽 8.4cm，产量 2700～3800kg/亩。

【利用价值】适宜炒食、煲汤，可提取淀粉或全粉做加工用。因符合《中华人民共和国药典》（2020 年版　一部）中对粉葛葛根素含量≥0.3%的标准，故亦可用作药材。

【收集人】严华兵　曹　升

10. 上饶横峰粉葛 1 号

【分类地位】豆科葛属粉葛种
【采集地】江西省上饶市横峰县

图 8-9 北海合浦粉葛 3 号

【主要特征特性】草质藤本。三出复叶，叶片有裂缺。种植当年不开花，叶片冬季全脱落。膨大块根圆锥形，薯肉色白，表皮薄。块根含淀粉（图 8-10）。

【优良特性】高淀粉中葛根素粉葛品种，蒸食口感粉，无渣。块根干样淀粉含量 77.2%，鲜样淀粉含量 30.2%，干样葛根素含量 0.12%。平均薯长 38.3cm，平均薯宽 10.1cm，产量 2700～3800kg/亩。

【利用价值】适宜炒食、煲汤，可提取淀粉或全粉做加工用。

【收集人】严华兵 尚小红 曹 升

11. 韶关曲江粉葛 1 号

【分类地位】豆科葛属粉葛种

【采集地】广东省韶关市曲江区

【主要特征特性】草质藤本。三出复叶，叶片有裂缺。种植当年不开花，叶片冬季全脱落。膨大块根长纺锤形，薯肉色白，表皮薄。块根含淀粉（图 8-11）。

图 8-10　上饶横峰粉葛 1 号

图 8-11　韶关曲江粉葛 1 号

【优良特性】高淀粉高葛根素粉葛品种，蒸食口感粉，微渣。块根干样淀粉含量 76.4%，鲜样淀粉含量 23.4%，干样葛根素含量 0.35%。平均薯长 34.3cm，平均薯宽 8.7cm，产量 2500～3000kg/亩。

【利用价值】适宜炒食、煲汤，可提取淀粉或全粉做加工用。因符合《中华人民共和国药典》（2020 年版　一部）中对粉葛葛根素含量≥0.3%的标准，故亦可用作药材。

【收集人】尚小红

12. 韶关曲江粉葛 2 号

【分类地位】豆科葛属粉葛种
【采集地】广东省韶关市曲江区大塘镇
【主要特征特性】草质藤本。三出复叶，叶片有裂缺。种植当年不开花，叶片冬季全脱落。膨大块根长纺锤形，薯肉色白，表皮薄。块根含淀粉（图 8-12）。

图 8-12　韶关曲江粉葛 2 号

【优良特性】高淀粉高葛根素粉葛品种，蒸食口感粉，微渣。块根干样淀粉含量 70.9%，鲜样淀粉含量 24.4%，干样葛根素含量 0.34%。平均薯长 34.3cm，平均薯宽 8.1cm，产量 2500～3000kg/亩。

【利用价值】适宜炒食、煲汤，可提取淀粉或全粉做加工用。因符合《中华人民共和国药典》（2020 年版　一部）中对粉葛葛根素含量≥0.3%的标准，故亦可用作药材。

【收集人】尚小红

13. 崇左龙州粉葛

【分类地位】豆科葛属粉葛种

【采集地】广西壮族自治区崇左市龙州县彬桥乡念读村上念屯

【主要特征特性】草质藤本。三出复叶，叶片有裂缺。种植当年不开花，叶片冬季全脱落。膨大块根长纺锤形，薯肉色白，表皮薄。块根含淀粉（图 8-13）。

【优良特性】中高淀粉中高葛根素粉葛品种，蒸食口感粉，无渣。块根干样淀粉含量 66.0%，鲜样淀粉含量 23.8%，干样葛根素含量 0.21%。平均薯长 34.3cm，平均薯宽 8.1cm，产量 2500～3000kg/亩。

【利用价值】适宜炒食、煲汤，可提取淀粉或全粉做加工用。

【收集人】曹　升　尚小红

图 8-13　崇左龙州粉葛

14. 贵港桂平粉葛 2 号

【分类地位】豆科葛属粉葛种

【采集地】广西壮族自治区贵港市桂平市垌心乡上瑶村

【主要特征特性】草质藤本。三出复叶，叶片有裂缺。种植当年不开花，叶片冬季全脱落。膨大块根长纺锤形，薯肉色白，表皮薄。块根含淀粉（图 8-14）。

图 8-14 贵港桂平粉葛 2 号

【优良特性】高淀粉高葛根素粉葛品种，蒸食口感粉，无渣，微甜。块根干样淀粉含量 68.6%，鲜样淀粉含量 26.8%，干样葛根素含量 0.32%。平均薯长 30.81cm，平均薯宽 7.63cm，产量 2500～3000kg/亩。

【利用价值】适宜炒食、煲汤，可提取淀粉或全粉做加工用。因符合《中华人民共和国药典》（2020 年版 一部）中对粉葛葛根素含量≥0.3%的标准，故亦可用作药材。

【收集人】尚小红 曹 升

15. 贵港桂平粉葛 3 号

【分类地位】豆科葛属粉葛种

【采集地】广西壮族自治区贵港市桂平市金田镇新燕村

【主要特征特性】草质藤本。三出复叶，叶片有裂缺。种植当年不开花，叶片冬季全脱落。膨大块根长纺锤形，薯肉色白，表皮薄。块根含淀粉（图8-15）。

图8-15　贵港桂平粉葛3号

【优良特性】高淀粉中高葛根素粉葛品种，蒸食口感粉，无渣，微甜。块根干样淀粉含量70.4%，鲜样淀粉含量25.5%，干样葛根素含量0.23%。平均薯长35.61cm，平均薯宽8.68cm，产量2500～3000kg/亩。

【利用价值】适宜炒食、煲汤，可提取淀粉或全粉做加工用。

【收集人】尚小红　曹　升

16. 上饶德兴粉葛

【分类地位】豆科葛属粉葛种

【采集地】江西省上饶市德兴市

【主要特征特性】草质藤本。三出复叶，叶片有裂缺。种植当年不开花，叶片冬季全脱落。膨大块根长纺锤形，薯肉色白，表皮薄。块根含淀粉（图8-16）。

【优良特性】高淀粉中高葛根素粉葛品种，蒸食口感粉，无渣，微甜。块根干样淀粉含量74.6%，鲜样淀粉含量26.8%，干样葛根素含量0.20%。平均薯长

图 8-16 上饶德兴粉葛

39.4cm，平均薯宽 8.4cm，产量 2500～3000kg/亩。

【利用价值】适宜炒食、煲汤，可提取淀粉或全粉做加工用。

【收集人】尚小红 龙紫媛

17. 来宾象州粉葛

【分类地位】豆科葛属粉葛种

【采集地】广西壮族自治区来宾市象州县运江镇新运村委陈家村

【主要特征特性】草质藤本。三出复叶，叶片有裂缺。种植当年不开花，叶片冬季全脱落。膨大块根圆锥形，薯肉色白，表皮薄。块根含淀粉（图 8-17）。

【优良特性】高淀粉粉葛品种，蒸食口感极粉，无渣，微甜。块根干样淀粉含量 75.1%，鲜样淀粉含量 29.9%，干样葛根素含量 0.05%。平均薯长 39.85cm，平均薯宽 11.73cm，产量 2500～3000kg/亩。

【利用价值】适宜炒食、煲汤，可提取淀粉或全粉加工成葛粉、葛面、葛酒等。

【收集人】严华兵 尚小红 曹 升

图 8-17　来宾象州粉葛

18. 上饶横峰粉葛 2 号

【分类地位】豆科葛属粉葛种

【采集地】江西省上饶市横峰县

【主要特征特性】草质藤本。三出复叶，叶片有裂缺。种植当年不开花，叶片冬季全脱落。膨大块根长纺锤形，薯肉色白，表皮薄。块根含淀粉（图 8-18）。

【优良特性】高淀粉中高葛根素粉葛品种，蒸食口感粉，无渣。块根干样淀粉含量 77.9%，鲜样淀粉含量 29.1%，干样葛根素含量 0.21%。平均薯长 38.3cm，平均薯宽 8.1cm，产量 2500～3000kg/亩。

【利用价值】适宜炒食、煲汤，可提取淀粉或全粉加工成葛粉、葛面、葛酒等。

【收集人】尚小红　龙紫嫒

19. 贵港平南粉葛

【分类地位】豆科葛属粉葛种

【采集地】广西壮族自治区贵港市平南县

【主要特征特性】草质藤本。三出复叶，叶片有裂缺。种植当年不开花，叶片冬季全脱落。膨大块根长纺锤形，薯肉色白，表皮薄。块根含淀粉（图 8-19）。

图 8-18　上饶横峰粉葛 2 号

图 8-19　贵港平南粉葛

【优良特性】高淀粉高葛根素粉葛品种，蒸食口感粉糯，无渣，甜。块根干样淀粉含量 69.0%，鲜样淀粉含量 31.0%，干样葛根素含量 0.31%。平均薯长 37.3cm，平均薯宽 9.1cm，产量 2500～3000kg/亩。

【利用价值】适宜炒食、煲汤，可提取淀粉或全粉做加工用。因符合《中华人民共和国药典》（2020 年版　一部）中对粉葛葛根素含量≥0.3%的标准，故亦可用作药材。

【收集人】尚小红　曹　升

20. 来宾武宣粉葛

【分类地位】豆科葛属粉葛种
【采集地】广西壮族自治区来宾市武宣县
【主要特征特性】草质藤本。三出复叶，叶片有裂缺。种植当年不开花，叶片冬季全脱落。膨大块根长纺锤形，薯肉色白，表皮薄。块根含淀粉（图 8-20）。
【优良特性】高淀粉低葛根素粉葛品种，蒸食口感粉，无渣，甜。块根干样

图 8-20　来宾武宣粉葛

淀粉含量 78.9%，鲜样淀粉含量 30.6%，干样葛根素含量 0.13%。平均薯长 37.3cm，平均薯宽 9.1cm，产量 2500～3000kg/亩。

【利用价值】适宜炒食、煲汤，可提取淀粉或全粉做加工用。

【收集人】尚小红　曹　升

第二节　优异野葛种质资源

1. 玉林陆川野葛

【分类地位】豆科葛属葛种

【采集地】广西壮族自治区玉林市陆川县沙湖镇茶根垌村

【主要特征特性】草质藤本。三出复叶，叶片有裂缺。植株生长旺盛，枝叶繁茂，蔓生性强。种植当年开蓝紫色大花，叶片冬季半脱落。膨大块根细长。块根淀粉含量较高（图 8-21）。

图 8-21　玉林陆川野葛

【优良特性】高淀粉低葛根素野葛品种。种植当年块根干样淀粉含量83.2%，鲜样淀粉含量34.2%，干样葛根素含量0.38%。

【利用价值】适宜炒食、煲汤，可提取淀粉或全粉做加工用。此外，该品种生长旺盛，枝叶繁茂，适宜于饲用或用作庭院绿化、土壤改良等。

【收集人】尚小红　曹　升

2. 贵港桂平野葛1号

【分类地位】豆科葛属葛种

【采集地】广西壮族自治区贵港市桂平市金田镇罗蛟村

【主要特征特性】草质藤本。三出复叶，叶片有裂缺，嫩叶有白色花斑。种植当年开蓝紫色大花，叶片冬季全脱落。膨大块根细长。块根淀粉含量较高（图8-22）。

图8-22　贵港桂平野葛1号

【优良特性】种植当年块根干样淀粉含量74.6%，鲜样淀粉含量32.8%，干样葛根素含量0.32%。

【利用价值】适宜炒食、煲汤，可提取淀粉或全粉做加工用。此外，该品种生长旺盛，枝叶繁茂，适宜饲用或用作庭院绿化、土壤改良等。

【收集人】尚小红　曹　升

3. 贵港桂平野葛 2 号

【分类地位】豆科葛属葛种

【采集地】广西壮族自治区贵港市桂平市金田镇罗蛟村

【主要特征特性】草质藤本。三出复叶，叶片有裂缺，嫩叶有白色花斑。种植当年开蓝紫色大花。叶片冬季全脱落。薯形不规则，薯数多，膨大块根细长。块根淀粉含量低（图 8-23）。

图 8-23　贵港桂平野葛 2 号

【优良特性】高葛根素野葛品种。块根干样淀粉含量 48.6%，鲜样淀粉含量 22.7%，干样葛根素含量 2.50%。平均薯长 55.40cm，平均薯宽 3.21cm，产量 1000～1500kg/亩。

【利用价值】葛根素含量高，符合《中华人民共和国药典》（2020 年版　一部）中对野葛葛根素含量≥2.4%的标准，因此适合做药材，也可用于开发保健品。

【收集人】尚小红　曹　升

4. 贵港桂平野葛 3 号

【分类地位】豆科葛属葛种

【采集地】广西壮族自治区贵港市桂平市金田镇罗蛟村

【主要特征特性】草质藤本。三出复叶，叶片有裂缺，有白色斑纹。种植当年开蓝紫色大花。叶片冬季全脱落。膨大块根细长。块根淀粉含量较高（图 8-24）。

图 8-24 贵港桂平野葛 3 号

【优良特性】中淀粉中葛根素野葛品种。块根干样淀粉含量 56.0%，鲜样淀粉含量 20.7%，干样葛根素含量 1.50%。平均薯长 45.40cm，平均薯宽 2.9cm，产量 1000～1500kg/亩。

【利用价值】适宜煲汤，可提取淀粉或全粉做加工用。此外，该品种生长旺盛，枝叶繁茂，适宜于饲用或用作庭院绿化、土壤改良等。

【收集人】尚小红　曹　升

5. 桂林资源野葛

【分类地位】豆科葛属葛种

【采集地】广西壮族自治区桂林市资源县中锋镇

【主要特征特性】草质藤本。三出复叶，叶片有裂缺，叶片特异性较明显。

种植当年开淡紫红大花，花量大。叶片冬季全脱落。膨大块根细长。块根淀粉含量较高（图8-25）。

图8-25　桂林资源野葛

【优良特性】中淀粉中葛根素野葛品种。块根干样淀粉含量 59.7%，鲜样淀粉含量 27.7%，干样葛根素含量 1.50%。

【利用价值】适宜煲汤，可提取淀粉或全粉做加工用。此外，该品种生长旺盛，枝叶繁茂，适宜饲用或用作庭院绿化、土壤改良等。

【收集人】曹　升　赖大欣

6. 梧州藤县野葛 1 号

【分类地位】豆科葛属葛种

【采集地】广西壮族自治区梧州市藤县太平镇安福村石山组

【主要特征特性】草质藤本。三出复叶，叶片有裂缺，嫩叶有白色花斑。植株多毛，种植当年开蓝紫色大花。叶片冬季全脱落，膨大块根细长。块根淀粉含量较高（图8-26）。

【优良特性】中淀粉中葛根素野葛品种。块根干样淀粉含量 60.1%，鲜样淀粉含量 25.6%，干样葛根素含量 1.70%。

图 8-26　梧州藤县野葛 1 号

【利用价值】适宜煲汤，可提取淀粉或全粉做加工用。此外，该品种生长旺盛，枝叶繁茂，适宜饲用或用作庭院绿化、土壤改良等。

【收集人】严华兵　尚小红　曹　升

7. 梧州藤县野葛 2 号

【分类地位】豆科葛属葛种

【采集地】广西壮族自治区梧州市藤县太平镇柴咀村

【主要特征特性】　草质藤本。三出复叶，叶片有裂缺，嫩叶有白色花斑。种植当年开蓝紫色大花，花量中等。叶片冬季全脱落。膨大块根细长。块根淀粉含量较高（图 8-27）。

【优良特性】中淀粉中葛根素野葛品种。块根干样淀粉含量 69.2%，鲜样淀粉含量 32.5%，干样葛根素含量 1.03%。

【利用价值】适宜煲汤，可提取淀粉或全粉做加工用。此外，该品种生长旺盛，枝叶繁茂，适宜饲用或用作庭院绿化、土壤改良等。

【收集人】严华兵　尚小红　曹　升

图 8-27 梧州藤县野葛 2 号

8. 崇左龙州野葛 1 号

【分类地位】豆科葛属葛种

【采集地】广西壮族自治区崇左市龙州县彬桥乡彬迎村

【主要特征特性】草质藤本。三出复叶，叶片有裂缺，嫩叶有白色花斑。种植当年开蓝紫色大花，花量非常大。叶片冬季半脱落。膨大块根细长。块根淀粉含量低（图 8-28）。

【优良特性】高葛根素野葛品种。块根干样淀粉含量 46.0%，鲜样淀粉含量 18.1%，种植当年干样葛根素含量可达 2.90%。

【利用价值】该品种相对于粉葛及其他的葛麻姆资源，种植当年即可大范围地开花，且花期长，花量大，适合用来开发葛花茶。因符合《中华人民共和国药典》（2020 年版 一部）中对野葛葛根素含量≥2.4%的标准，故亦可用作药材，也可以开发葛根保健品。

【收集人】尚小红 曹 升 赖大欣

图 8-28　崇左龙州野葛 1 号

9. 百色平果野葛 1 号

【分类地位】豆科葛属葛种

【采集地】广西壮族自治区百色市平果市果化镇山营村

【主要特征特性】草质藤本。三出复叶，叶片有裂缺，嫩叶有少量白色花斑。种植当年开淡蓝紫色大花。叶片冬季半脱落。膨大块根细长。块根淀粉含量较高（图 8-29）。

【优良特性】中淀粉低葛根素野葛品种。块根干样淀粉含量 50.4%，鲜样淀粉含量 24.3%，干样葛根素含量 1.07%。平均薯长 53.4cm，平均薯宽 3.7cm，产量 800～1000kg/亩。

【利用价值】适宜煲汤，可提取淀粉或全粉做加工用。此外，该品种生长旺盛，枝叶繁茂，适宜饲用或用作庭院绿化、土壤改良等。

【收集人】严华兵　曹　升　龙紫媛

10. 百色平果野葛 2 号

【分类地位】豆科葛属葛种

【采集地】广西壮族自治区百色市平果市果化镇山营村那豆屯

【主要特征特性】草质藤本。三出复叶，叶片稍有裂缺。种植当年开淡蓝紫色大花。叶片冬季半脱落。膨大块根细长。块根淀粉含量较低（图 8-30）。

图 8-29　百色平果野葛 1 号

图 8-30　百色平果野葛 2 号

【优良特性】低淀粉中葛根素野葛品种。块根干样淀粉含量 44.8%，鲜样淀粉含量 24.3%，干样葛根素含量 1.07%。

【利用价值】可用于煲汤。此外，该品种生长旺盛，枝叶繁茂，适宜饲用或用作庭院绿化、土壤改良等。

【收集人】曹　升　李　祥

11. 南宁隆安野葛

【分类地位】豆科葛属葛种

【采集地】广西壮族自治区南宁市隆安县那桐镇

【主要特征特性】草质藤本。三出复叶，叶片裂缺。种植当年开蓝紫色大花。叶片冬季全脱落。块根细长。块根淀粉含量较低（图 8-31）。

【优良特性】低淀粉中葛根素野葛品种。块根干样淀粉含量 33.7%，鲜样淀粉含量 16.1%，干样葛根素含量 1.35%。

【利用价值】可用于煲汤。此外，该品种生长旺盛，枝叶繁茂，适宜饲用或用作庭院绿化、土壤改良等。

【收集人】曹　升　尚小红

图 8-31　南宁隆安野葛

12. 崇左龙州野葛 2 号

【分类地位】豆科葛属葛种

【采集地】广西壮族自治区崇左市龙州县水口镇埂宜村

【主要特征特性】草质藤本。三出复叶，叶片裂缺，嫩叶有白色花斑。种植当年少量开花，花蓝紫色。叶片冬季半脱落。块根细长。块根淀粉含量较低（图 8-32）。

图 8-32 崇左龙州野葛 2 号

【优良特性】高葛根素野葛品种。块根干样淀粉含量 30.3%，鲜样淀粉含量 13.5%，干样葛根素含量 2.87%。

【利用价值】符合《中华人民共和国药典》（2020 年版 一部）中对野葛葛根素含量≥2.4%的标准，适合做药材，也可用于开发葛根保健品。

【收集人】曹 升 陆柳英 赖大欣

13. 上饶横峰野葛 1 号

【分类地位】豆科葛属葛种

【采集地】江西省上饶市横峰县

【主要特征特性】草质藤本。三出复叶，叶片裂缺。种植当年开蓝紫色大花，花量大。叶片冬季全脱落。膨大块根细长。块根淀粉含量较高（图8-33）。

图8-33　上饶横峰野葛1号

【优良特性】高淀粉低葛根素野葛品种。块根干样淀粉含量75.9%，鲜样淀粉含量36.7%，干样葛根素含量0.30%。

【利用价值】适宜煲汤，可提取淀粉或全粉做加工用。此外，种植当年即可大范围开花，且花期长，花量大，适合用于开发葛花茶。

【收集人】尚小红　龙紫媛

14. 上饶横峰野葛2号

【分类地位】豆科葛属葛种

【采集地】江西省上饶市横峰县

【主要特征特性】草质藤本。三出复叶，叶片稍有裂缺。种植当年开淡紫红色大花，花量极多。叶片冬季全脱落。膨大块根细长。块根淀粉含量较高（图8-34）。

图 8-34　上饶横峰野葛 2 号

　　【优良特性】高淀粉中葛根素野葛品种。块根干样淀粉含量 70.7%，鲜样淀粉含量 33.4%，种植当年干样葛根素含量 1.16%。

　　【利用价值】该品种种植当年即可大范围开花，且花期长，花量大，适合用于开发葛花茶。此外，该品种淀粉和葛根素含量较高，适宜煲汤，也可提取淀粉或全粉做加工用。

　　【收集人】尚小红　龙紫媛

15. 上饶横峰野葛 3 号

　　【分类地位】豆科葛属葛种
　　【采集地】江西省上饶市横峰县
　　【主要特征特性】草质藤本。三出复叶，叶片有裂缺。种植当年开淡紫红色大花，花量大。叶片冬季全脱落。膨大块根细长。块根淀粉含量中等（图 8-35）。
　　【优良特性】中淀粉中高葛根素野葛品种。块根干样淀粉含量 50.7%，鲜样淀粉含量 27.8%，种植当年干样葛根素含量 2.09%。
　　【利用价值】该品种种植当年即可大范围开花，且花期长，花量极大，适合用来开发葛花茶。此外，该品种葛根素含量较高，适宜煲汤，也可提取淀粉或全粉做加工用。

　　【收集人】尚小红　龙紫媛

图 8-35　上饶横峰野葛 3 号

16. 怀化鹤城野葛

　　【分类地位】豆科葛属葛种
　　【采集地】湖南省怀化市鹤城区
　　【主要特征特性】草质藤本。三出复叶，叶片裂缺。种植当年开紫红色大花，花量少。叶片冬季不脱落，全绿。膨大块根细长。块根淀粉含量较高（图 8-36）。
　　【优良特性】中淀粉适宜葛根素野葛品种。块根干样淀粉含量 63.7%，鲜样淀粉含量 29.2%，干样葛根素含量 1.76%。
　　【利用价值】适宜煲汤，也可提取淀粉或全粉做加工用。
　　【收集人】严华兵　曹　升

图 8-36　怀化鹤城野葛

17. 重庆武隆野葛

【分类地位】豆科葛属葛种

【采集地】重庆市武隆区

【主要特征特性】草质藤本。三出复叶，叶片有裂缺，嫩叶有白色花斑。种植当年开淡蓝紫色大花，花量大。叶片冬季不脱落，全绿。膨大块根细长。块根淀粉含量较低（图 8-37）。

【优良特性】花量极多的野葛品种。块根干样淀粉含量 46.9%，鲜样淀粉含量 17.2%，干样葛根素含量 0.65%。

【利用价值】该品种种植当年即可大范围开花，且花期长，花量大，适合用来开发葛花茶。此外，该品种生长旺盛，枝叶繁茂，适宜于饲用或用作庭院绿化、土壤改良等。

【收集人】严华兵　尚小红

18. 重庆北碚野葛

【分类地位】豆科葛属葛种

【采集地】重庆市北碚区

【主要特征特性】草质藤本。三出复叶，叶片有裂缺。种植当年开蓝紫色大花，花量少。叶片冬季不脱落，全绿。膨大块根细长。块根淀粉含量较高（图 8-38）。

图 8-37　重庆武隆野葛

图 8-38　重庆北碚野葛

【优良特性】中淀粉中葛根素野葛品种。块根干样淀粉含量60.0%，鲜样淀粉含量23.8%，干样葛根素含量1.85%。

【利用价值】适宜煲汤，也可提取淀粉或全粉做加工用。

【收集人】严华兵　曹　升

19. 龙岩永定野葛

【分类地位】豆科葛属葛种

【采集地】福建省龙岩市永定区

【主要特征特性】草质藤本。三出复叶，叶片稍有裂缺，嫩叶有白色花斑。种植当年开紫红色大花，花量大。叶片冬季不脱落，全绿。膨大块根细长。块根淀粉含量中等（图8-39）。

【优良特性】中淀粉低葛根素野葛品种。块根干样淀粉含量59.8%，鲜样淀粉含量25.5%，干样葛根素含量0.53%。

图8-39　龙岩永定野葛

【利用价值】该品种种植当年即可大范围开花，且花期长，花量大，适合用来开发葛花茶。此外，该品种生长旺盛，枝叶繁茂，适宜于饲用或用作庭院绿化、土壤改良等。

【收集人】严华兵　曹　升　尚小红

20. 铜仁碧江野葛

【分类地位】豆科葛属葛种

【采集地】贵州省铜仁市碧江区

【主要特征特性】　草质藤本。三出复叶，叶片有裂缺。种植当年开蓝紫色大花，花量大。叶片冬季不脱落，全绿。膨大块根细长。块根淀粉含量较低（图8-40）。

【优良特性】花量大的野葛品种。块根干样淀粉含量 38.4%，鲜样淀粉含量18.9%，干样葛根素含量1.27%。

【利用价值】该品种种植当年即可大范围开花，且花期长，花量大，适合用来开发葛花茶。该品种块根葛根素含量较高，适宜煲汤。此外，该品种生长旺盛，枝叶繁茂，适宜于饲用或用作庭院绿化、土壤改良等。

【收集人】尚小红

图8-40　铜仁碧江野葛

第三节　优异葛麻姆种质资源

1. 来宾武宣葛麻姆

【**分类地位**】豆科葛属葛麻姆种

【**采集地**】广西壮族自治区来宾市武宣县东乡镇李运村

【**主要特征特性**】草质藤本。三出复叶，叶片全缘。种植当年开紫红色小花，花量大，结实性超强。叶片冬季不脱落，全绿。大量细长根，块根膨大性一般。块根淀粉含量未检测出（图8-41）。

【**优良特性**】花量大，开花时间从9月中下旬一直持续到11月上旬。块根干样葛根素含量0.02%。

【**利用价值**】该品种种植当年即可大范围开花，且花期长，花量大，适合用来开发葛花茶。此外，该品种生长旺盛，枝叶繁茂，适宜于饲用或用作庭院绿化、土壤改良等。块根几乎无利用价值。

【**收集人**】严华兵　尚小红　曹　升

图 8-41　来宾武宣葛麻姆

2. 桂林龙胜葛麻姆

【分类地位】豆科葛属葛麻姆种

【采集地】广西壮族自治区桂林市龙胜各族自治县龙胜镇双洞村

【主要特征特性】草质藤本。三出复叶，叶片全缘。种植当年开紫红色小花，花量大。叶片冬季不脱落，全绿。大量细长根，块根膨大性一般。块根淀粉和葛根素均未检测出（图8-42）。

图 8-42　桂林龙胜葛麻姆

【优良特性】花量大，开花时间从9月中下旬一直持续到11月上旬。

【利用价值】该品种种植当年即可大范围开花，且花期长，花量大，适合用来开发葛花茶。此外，该品种生长旺盛，枝叶繁茂，适宜于饲用或用作庭院绿化、土壤改良等。块根几乎无利用价值。

【收集人】曹　升　赖大欣

3. 贵港桂平葛麻姆1号

【分类地位】豆科葛属葛麻姆种

【采集地】广西壮族自治区贵港市桂平市金田镇罗蛟村

【主要特征特性】草质藤本。三出复叶，叶片全缘。种植当年开紫红色小花，花量大，结实性强。叶片冬季不脱落，全绿。大量细长根，块根膨大性一般。块根淀粉和葛根素均未检测出（图8-43）。

图 8-43　贵港桂平葛麻姆 1 号

【优良特性】花量大，开花时间从 9 月中下旬一直持续到 11 月上旬。

【利用价值】该品种种植当年即可大范围开花，且花期长，花量大，适合用来开发葛花茶。此外，该品种生长旺盛，枝叶繁茂，适宜于饲用或用作庭院绿化、土壤改良等。块根几乎无利用价值。

【收集人】曹　升　赖大欣

4. 贵港桂平葛麻姆 2 号

【分类地位】豆科葛属葛麻姆种
【采集地】广西壮族自治区贵港市桂平市垌心乡谷山村
【主要特征特性】草质藤本。三出复叶，叶片全缘。种植当年开紫红色小花，花量大。叶片冬季不脱落，全绿。大量细长根，块根膨大性一般。块根淀粉未检测出（图8-44）。

【优良特性】花量大，开花时间从9月中下旬一直持续到11月上旬。块根干样葛根素含量0.09%。

【利用价值】该品种相对于粉葛及其他的葛麻姆资源，种植当年即可大范围地开花，且花期长，花量大，适合用来开发葛花茶。此外，该品种生长旺盛，枝叶繁茂，适宜于饲用或用作庭院绿化、土壤改良等。块根几乎无利用价值。

【收集人】尚小红　曹　升

图8-44　贵港桂平葛麻姆2号

5. 桂林全州葛麻姆

【分类地位】豆科葛属葛麻姆种

【采集地】广西壮族自治区桂林市全州县咸水镇洛江村

【主要特征特性】草质藤本。三出复叶，叶片全缘。种植当年开紫红色小花，花量大。叶片冬季不脱落，全绿。大量细长根，块根膨大性一般。块根淀粉未检测出（图8-45）。

【优良特性】花量大，开花时间从9月中下旬一直持续到11月上旬。块根干样葛根素含量0.46%。

【利用价值】该品种种植当年即可大范围开花，且花期长，花量大，适合用来开发葛花茶。此外，该品种生长旺盛，枝叶繁茂，适宜于饲用或用作庭院绿化、土壤改良等。块根几乎无利用价值。

【收集人】曹　升　尚小红　赖大欣

图 8-45　桂林全州葛麻姆

6. 梧州藤县葛麻姆

【分类地位】豆科葛属葛麻姆种

【采集地】广西壮族自治区梧州市藤县太平镇安福村

【主要特征特性】草质藤本。三出复叶，叶片全缘。种植当年开蓝紫色大花，花量大。叶片冬季不脱落，全绿。大量细长根，块根膨大性一般。块根淀粉和葛根素均未检测出（图 8-46）。

【优良特性】花量大，开花时间从 9 月中下旬一直持续到 11 月上旬。

【利用价值】该品种种植当年即可大范围开花，且花期长，花量大，适合用来开发葛花茶。此外，该品种生长旺盛，枝叶繁茂，适宜于饲用或用作庭院绿化、土壤改良等。块根几乎无利用价值。

【收集人】严华兵　尚小红　曹　升

图 8-46　梧州藤县葛麻姆

7. 柳州三江葛麻姆

【分类地位】豆科葛属葛麻姆种

【采集地】广西壮族自治区柳州市三江侗族自治县古宜镇古皂村

【主要特征特性】草质藤本。三出复叶，叶片全缘。种植当年开淡紫红色小花，花量大。叶片冬季不脱落，全绿。大量细长根，块根膨大性一般。块根淀粉未检测出（图 8-47）。

【优良特性】花量大，开花时间从 9 月中下旬一直持续到 11 月上旬。块根干样葛根素含量 0.18%。

【利用价值】该品种种植当年即可大范围开花，且花期长，花量大，适合用来开发葛花茶。此外，该品种生长旺盛，枝叶繁茂，适宜于饲用或用作庭院绿化、土壤改良等。块根几乎无利用价值。

【收集人】曹　升　赖大欣

图 8-47 柳州三江葛麻姆

8. 百色田林葛麻姆

【分类地位】豆科葛属葛麻姆种

【采集地】广西壮族自治区百色市田林县浪平镇央村村

【主要特征特性】草质藤本。三出复叶,叶片全缘。种植当年开紫红色小花,花量大。叶片冬季不脱落,全绿。大量细长根,块根膨大性一般。块根淀粉未检测出(图 8-48)。

【优良特性】花色独特,花量大,开花时间从 9 月中下旬一直持续到 11 月上旬。块根干样葛根素含量 0.03%。

【利用价值】该品种种植当年即可大范围开花,且花期长,花量大,适合用来开发葛花茶。此外,该品种生长旺盛,枝叶繁茂,适宜于饲用或用作庭院绿化、土壤改良等。块根几乎无利用价值。

【收集人】严华兵 曹 升

图 8-48　百色田林葛麻姆

9. 赣州白花葛麻姆

【分类地位】豆科葛属葛麻姆种

【采集地】江西省赣州市

【主要特征特性】草质藤本。三出复叶，叶片全缘。种植当年开白色小花，花香浓郁，花量大，花期长。叶片冬季半脱落。细长根，块根不膨大。块根无淀粉，葛根素未测出（图 8-49）。

【优良特性】花色洁白，花香独特，香气浓郁。花期长且花量大，开花时间从 6 月初一直持续到 11 月上旬。

【利用价值】该品种种植当年即可大范围开花，且花香独特，花色洁白，花期长，花量大，适合用来开发葛花茶。此外，该品种生长旺盛，枝叶繁茂，适宜于饲用或用作庭院绿化、土壤改良等。块根几乎无利用价值。

【收集人】尚小红　严华兵　曹　升

图 8-49　赣州白花葛麻姆

10. 怀化溆浦葛麻姆

【分类地位】豆科葛属葛麻姆种

【采集地】湖南省怀化市溆浦县

【主要特征特性】草质藤本。三出复叶，叶片全缘，嫩叶有少许白色花斑。种植当年开淡紫红色大花，花量大，结实性超强。叶片冬季不脱落，全绿。大量细长根，块根膨大性一般。块根淀粉未检测出（图 8-50）。

【优良特性】花色独特，花量大，开花时间从 9 月中下旬一直持续到 11 月上旬。块根干样葛根素含量 0.02%。

【利用价值】该品种种植当年即可大范围开花，且花期长，花量大，适合用来开发葛花茶。此外，该品种生长旺盛，枝叶繁茂，适宜于饲用或用作庭院绿化、土壤改良等。块根几乎无利用价值。

【收集人】严华兵　曹　升　尚小红

图 8-50 怀化溆浦葛麻姆

第四节 其他优异葛种质资源

1. 泰葛

【分类地位】豆科葛属白葛根种

【采集地】泰国

【主要特征特性】草质粗壮藤本。三出复叶，小叶宽卵形，叶片全缘。种植当年开蓝紫色大花。块根生长在地下 1～2m 深处，生长成 1 个或是连续 3～4 个块根（呈念珠状），大小不同，从很小到直径约 20cm。块根近似圆形或椭圆形，表面光滑、褶皱（图 8-51）。薯肉白色，像山药一样，含有淀粉质、纤维质，同时其内腔微凹形，含有白色汁液。

【优良特性】块根干样淀粉含量 58.4%，干样葛根素含量 0.04%。块根中重要活性成分与女性体内的雌激素相似。

【利用价值】可作为药用植物，也可作为药用保健品及化妆品进行开发利用。泰国传统药用白葛根主要作为更年期妇女的药用保健品，具有补气、增强体能和活力、减轻白内障症状、治疗记忆力减退、增进食欲、安神和丰胸等功效。同时，白葛根在古代常作为女性的民间传统秘方保健品，具有丰满胸部、维持体态美妙、增进肤色白皙的作用。

　　【收集人】严华兵　尚小红

图 8-51　泰葛

2. 桂林临桂食用葛

　　【分类地位】豆科葛属食用葛种

　　【采集地】广西壮族自治区桂林市临桂区

　　【主要特征特性】草质藤本。三出复叶，叶片箭头形，顶生小叶卵形，侧生小叶斜宽卵形，稍小。叶片冬季脱落。大量细长根，块根膨大性一般。块根淀粉和葛根素未检测出（图 8-52）。

　　【优良特性】食用葛块根含有大豆苷元、染料木苷、大豆苷等成分，具有解表退热、生津止渴、升阳散郁、透发斑疹的功效。

　　【利用价值】块根可食用。块根和花入药，用于治疗伤寒、温热头痛、项强、烦热消渴、泄泻、痢疾、斑疹等。

　　【收集人】严华兵　尚小红

3. 梧州藤县苦葛

　　【分类地位】豆科葛属苦葛种

图 8-52　桂林临桂食用葛

【采集地】广西壮族自治区梧州市藤县

【主要特征特性】草质藤本。植株各部位被疏或密的粗硬毛。三出复叶，小叶卵形或斜卵形，先端渐尖，有裂缺。种植当年开淡紫红色小花。叶片冬季脱落。荚果线形，成熟豆荚易开裂，种子黑色。大量细长根，块根膨大性一般。块根淀粉和葛根素未检测出（图 8-53）。

图 8-53　梧州藤县苦葛

【优良特性】根入药，有清热解毒、生津止渴和杀虫之功效。

【利用价值】根有毒，民间用于毒鱼、杀虫，不宜作为葛根入药。

【收集人】严华兵　尚小红

4. 云南景洪密花葛

【俗名】狐尾葛

【分类地位】豆科葛属密花葛种

【采集地】云南省西双版纳傣族自治州景洪市勐养镇

【主要特征特性】攀援灌木。分枝被锈色糙毛。三出复叶，小叶宽卵形，先端尾状渐尖，具小尖头或幼时急尖，有裂缺。叶片冬季不脱落。总状花序排成圆锥花序式，腋生，开花前极稠密；花萼钟状，被微柔毛及锈色长毛（图8-54）。

图 8-54　云南景洪密花葛

【优良特性】根具有解表退热、生津止渴、透疹、止泻、杀虫的功效。

【利用价值】根入药，可用于治疗热病初起、发热口渴、泄泻、肠风下血、豆疹初起未透，可杀灭血吸虫属蚴、钉螺、孑孓等。花期长，花密，美丽，花香浓郁，可作为观赏植物。

【收集人】周　云　曹　升　龙紫媛

5. 四川攀枝花大花葛

【分类地位】豆科葛属大花葛种

【采集地】四川省攀枝花市

【主要特征特性】草质藤本。三托叶箭头形，叶片开裂或全缘。花朵很大，两色。块根近球形；果实缢缩状，有硬毛。花期7～9月（图8-55）。

【优良特性】块根干样葛根素含量0.052%。

【利用价值】该种生长旺盛，枝叶繁茂，适于饲用，或用作庭院绿化、土壤改良等。

【收集人】尚小红

图8-55　四川攀枝花大花葛

主要参考文献

白生文, 范惠玲. 2008. RAPD 标记技术及其应用进展. 河西学院学报, 24(2): 52-54.

曹绍兰, 张效科. 2020. 葛根芩连汤降糖作用机制研究进展. 山东中医杂志, 39(1): 87-92.

曹升, 严华兵, 尚小红, 等. 2022. 绿色食品　粉葛栽培技术规程: T/GXAS 241—2022. 南宁: 广西标准化协会: 1-4.

常俊华, 孙国朝. 2012. 葛花解醒汤在酒依赖病人肝损害治疗中的应用. 中医临床研究, 4(20): 75.

陈安. 2001. 大力开发葛根资源　促进农村经济快速增长. 江西农业经济, (2): 37.

陈兵兵. 2016. 葛根多糖的提取分离、理化特性及生物活性研究. 镇江: 江苏大学硕士学位论文.

陈泊韬, 张典典, 卢剑娴. 2013. 粉葛深加工技术研究及开发. 农产品加工（学刊）, (10): 57-59.

陈藏器. 1983. 本草拾遗. 尚志钧辑校. 合肥: 皖南医学院科研科印.

陈大霞, 彭锐, 李隆云, 等. 2011. 部分粉葛品种遗传关系的 SRAP 研究. 中国中药杂志, 36(5): 538-541.

陈定根, 廖运洪, 王雅飞. 2013. 8 个粉葛品种的优良性对比研究. 现代农业科技, (19): 114-115, 118.

陈耿, 黄谨荣, 彭荣锋. 2010. 节瓜和粉葛套种技术要点. 广西热带农业, (6): 50-51.

陈静. 2011. 高油酸花生遗传育种研究进展. 植物遗传资源学报, 12(2): 190-196.

陈士林, 吴问广, 王彩霞, 等. 2019. 药用植物分子遗传学研究. 中国中药杂志, 44(12): 2421-2432.

陈欣. 2011. 粉葛及其资源开发研究. 成都: 西南交通大学硕士学位论文.

陈欣, 胡久梅, 刘蓁, 等. 2011. 粉葛中微量元素含量的测定. 安徽农业科学, 39(14): 8322-8323.

陈星, 高子厚. 2019. DNA 分子标记技术的研究与应用. 分子植物育种, 17(6): 1970-1977.

陈兴文. 2014. 葛根的药理作用研究论述. 内蒙古中医药, 33(27): 93.

陈元生, 彭建宗. 2010. 葛属植物 ISSR-PCR 扩增条件的正交优化. 广东农业科学, 37(1): 120-123.

陈云. 2014. 不同来源葛根的质量评价. 现代医药卫生, 30(10): 1454-1456.

程超华, 唐蜻, 邓灿辉, 等. 2020. 表型组学及多组学联合分析在植物种质资源精准鉴定中的应用. 分子植物育种, 18(8): 2747-2753.

程少强, 陈鹏. 2020. 依帕司他联合葛根素治疗糖尿病周围神经病变的效果. 临床医学研究与实践, 5(2): 58-60.

程维礼. 2016. 葛根素对糖尿病小鼠心肌梗死后的作用及其机制研究. 南京: 南京医科大学硕士学位论文.

程绪生, 邹小红, 王丹丹. 2017. 建国以来渝东北地区水稻品种演替分析与展望. 中国稻米, 23(1): 69-72.

楚纪明, 马树运, 李海峰, 等. 2015. 葛根有效成分及其药理作用研究进展. 食品与药品, 17(2): 142-146.

楚雅南, 邓振海. 2022. 植物园野生植物的迁地保护. 森林与人类, (5): 20-21.

邓金生. 2020. 天然美白成分在化妆品中的应用. 云南化工, 47(2): 17-18.

邓晓娟, 刘晓龙, 吴秀清, 等. 2002. 葛根资源的研究与开发利用. 基层中药杂志, 16(2): 48-49.

丁艳芳. 2003. 葛藤的价值及其开发前景. 西北林学院学报, 18(3): 86-89.

董彐倩, 梅瑜, 王继华, 等. 2020. 药食同源植物葛根的研究进展. 长江蔬菜, (2): 43-47.

董玉琛. 2001. 作物种质资源学科的发展和展望. 中国工程科学, 3(1): 1-5, 43.

董洲. 2018. 野葛根多糖的提取、分离纯化、结构鉴定及对小鼠巨噬细胞 RAW264.7 的免疫调节活性研究. 广州: 华南理工大学硕士学位论文.

杜鹏, 赵亚东, 穆莹, 等. 2010. 解酒酸乳饮料的生产及功效. 中国乳品工业, 38(1): 26-28.

段童瑶, 黄璐瑶, 王磊, 等. 2020. MYB 转录因子在药用植物次生代谢领域的研究进展. 分子植物育种, 18(2): 425-432.

段竹梅, 周素丽. 2003. 中药治疗小儿咳嗽变异型哮喘 36 例. 山东中医杂志, 22(9): 546.

范虹, 丁大琼. 2013. 葛根提取物抗心肌缺血机制的初步试验研究. 中国药业, 22(19): 25-26.

方艳琳, 张凡鲜, 秦莉花. 2009. 葛花醒酒益肝方治疗酒精性肝病. 新乡医学院学报, 26(3): 278-280.

方云花, 杨湘云. 2019. 世界著名种子方舟掠影. 生命世界, (5): 20-25.

费燕, 潘俊. 2012. 中草药葛根在现代美容领域应用前景的研究进展. 中国美容医学, 21(17): 2311-2312.

冯倩, 程嵩奕, 陈道海, 等. 2019. 葛根素注射液改善心律失常临床疗效的 Meta 分析. 中西医结合心脑血管病杂志, 17(15): 2259-2263.

冯益静, 夏陈伟, 郑永红. 2019. 葛根芩连汤治疗轮状病毒肠炎疗效观察. 世界最新医学信息文摘, 19(86): 117.

付桂香, 顾志平, 冯瑞芝, 等. 1996. 国产葛属植物花粉形态的研究. 热带亚热带植物学报, 4(2): 25-30.

付晓雯. 2017. 葛根糖基转移酶基因的克隆与功能鉴定. 武汉: 华中农业大学硕士学位论文.

高爱农, 杨庆文. 2022. 作物种质资源调查收集的理论基础与方法. 植物遗传资源学报, 23(1): 21-28.

高欢, 徐小艳, 陈韵宇, 等. 2022. 节水抗旱稻高通量表型组学研究平台的建设与应用. 上海农业学报, 38(4): 46-55.

高学清. 2013. 葛根和葛花的解酒护肝作用及其机理研究. 无锡: 江南大学硕士学位论文.

格小光, 冯学锋, 付桂芳, 等. 2010. 野生葛根与栽培葛根药材性状显微组织差异比较研究. 时珍国医国药, 21(5): 1194-1196.

葛花. 2019. 葛分子标记与表型性状关联分析. 南昌: 江西农业大学硕士学位论文.

苟君波, 李长福, 陈方方, 等. 2013. 野葛异黄酮合酶基因的分离与功能验证. 植物科学学报, 31(4): 398-405.

谷万章, 卜秀荣, 王玉国, 等. 1999. 葛芪口服液治疗视网膜动脉阻塞疗效分析. 航空航天医药, 10(2): 64-66.

顾志平, 陈碧珠, 冯瑞芝, 等. 1996. 中药葛根及其同属植物的资源利用和评价. 药学学报, 31(5): 387-393.

郭建崴. 2020. 进化论系列讲座（十七）: 达尔文主义与新达尔文主义. 化石, (1): 63-64.

郭丽君. 2018. 葛根淀粉积累的生理及分子基础研究. 南宁: 广西大学硕士学位论文.

郭艳艳, 成春燕, 黄静丽, 等. 2013. 不同来源葛根遗传多样性 ISSR 分析. 大众科技, 15(4): 134-136.

郭志芳, 韩文凤, 林晓丽. 2013. 醒酒类咀嚼片的制备工艺研究. 食品与发酵科技, 49(5): 6-8, 21.

国家林业局. 2012. 葛根栽培技术规程: LY/T 2044—2012. 北京: 国家林业局.

国家药典委员会. 2020. 中华人民共和国药典 2020 年版 一部. 北京: 中国医药科技出版社.

韩振海. 2009. 园艺作物种质资源学. 北京: 中国农业大学出版社.

何丽明. 2017. 粉葛高产栽培技术要点与效益探究. 农技服务, 34(19): 29, 27.

何美军. 2021. 粉葛代谢产物积累的组学解析及栽培条件的研究. 武汉: 武汉大学博士学位论文.

何美军, 廖朝林, 王华, 等. 2011. 一种野葛叶蛋白的制备方法: CN 101984839 A. 2010-10-18 [2013-06-05].

何绍浪, 黄欠如, 成艳红, 等. 2019. 江西省葛产业发展现状及对策. 湖北农业科学, 58(22): 130-133.

何绍浪, 张昆, 成艳红, 等. 2020. 江西省粉葛种植产业发展现状及对策. 江西中医药, 51(12): 7-10.

河南中医学院. 2005. 一种解酒保肝中药制剂: CN 1682850 A. 2005-03-02[2005-10-19].

何韩军, 杨跃生, 吴鸿. 2010. 药用植物多倍体的诱导及生物学意义. 中草药, 41(6): 1000-1006.

洪森荣, 尹明华, 柯维忠, 等. 2007a. PP$_{333}$ 对野葛离体保存的影响. 上饶师范学院学报, 27(6): 68-72.

洪森荣, 尹明华, 邵兴华. 2007b. 野葛种质的超低温保存研究. 江西农业大学学报, 29(4): 545-549.

洪森荣, 尹明华, 邵兴华. 2007c. 野葛试管苗茎尖玻璃化法超低温保存及植株再生. 亚热带植物科学, 36(4): 10-12, 15.

侯红丽. 2018. 葛根芩汤联合炎琥宁注射液治疗轮状病毒性肠炎患儿的效果. 河南医学研究, 27(24): 4502-4503.

胡芳名, 谭晓风, 刘惠民. 2006. 中国主要经济树种栽培与利用. 北京: 中国林业出版社.

胡冀太, 杜金华, 何桂芬. 2012. 两种制备工艺对山楂酒品质及抗氧化性的影响. 酿酒, 39(3): 45-50.

胡伟娟, 凌宏清, 傅向东. 2019. 植物表型组学研究平台建设及技术应用. 遗传, 41(11): 1060-1066.

胡小荣, 高爱农, 魏利青, 等. 2021. 农作物优异种质资源与典型事例调查: 江苏、广东卷. 北京: 中国农业科学技术出版社.

胡裕清, 赵树进. 2010. RAPD 技术及其在植物研究中的应用. 生物技术通报, (5): 74-77.

黄芳, 杨一波, 徐婉儿. 2019. 葛根芩连汤联合常规疗法治疗小儿轮状病毒肠炎临床研究. 新中医, 51(10): 47-49.

黄宏文, 廖景平. 2022. 论我国国家植物园体系建设: 以任务带学科构建国家植物园迁地保护综合体系. 生物多样性, 30(6): 197-213.

黄鸿华, 黄日盛. 2017. 粉葛栽培技术研究与应用. 农技服务, 34(5): 4-5.

黄宁珍, 唐凤鸾, 何金祥, 等. 2008. 泰国葛组织培养和快速繁殖体系优化研究. 中国中药杂志, 33(19): 2175-2179.

黄秋连, 葛菲, 谢璐欣, 等. 2021. 江西粉葛表型性状遗传多样性研究. 中华中医药学刊, 39(12): 110-113.

黄再强, 张燕飞, 胡明勋, 等. 2016. 葛根类药材主流品种品质研究进展. 成都中医药大学学报,

39(2): 122-126.

惠香香, 苗明三. 2020. 基于对调控机体氧化应激的中药的数据挖掘对新冠肺炎中用药的特点分析. 中国比较医学杂志, 30(7): 78-84.

霍丹群, 侯长军. 2000. 葛根保健食品的开发及利用. 资源开发与市场, 16(1): 27-28.

纪宝玉, 裴莉昕, 陈随清, 等. 2013. 葛根不同生长期多糖含量的动态积累研究. 中国实验方剂学杂志, 19(16): 63-65.

纪宝玉, 裴莉昕, 陈随清, 等. 2014. 野葛种质资源的随机扩增多态性 DNA 技术分析. 中国实验方剂学杂志, 20(16): 56-59.

季红, 郭鑫, 尹鹏. 2016. 葛根素对急性酒精性肝损伤的预防作用. 医学综述, 22(15): 3048-3049, 3055, 3121.

蒋向辉, 刘良科, 余朝文. 2015. 葛属 11 份种质基于核 rDNA ITS 序列的亲缘关系分析. 江苏农业科学, 43(7): 46-49.

蒋向辉, 刘良科, 余朝文. 2016. 葛属植物基于形态学和 rDNA ITS 分类的一致性比较研究. 湖北农业科学, 55(4): 939-942.

焦豪妍. 2010. 葛根的研究概况. 海峡药学, 22(8): 47-50.

焦庆清. 2011. 花生种质资源主要农艺性状的鉴定与评价. 南京: 南京农业大学硕士学位论文.

金剑, 钟灿, 谢景, 等. 2020. 我国茯苓炮制加工和产品研发现状与展望. 中国现代中药, 22(9): 1441-1446.

景戍, 徐莉, 陈俊意, 等. 2010. 重庆地区葛根遗传多样性分析和葛根素含量聚类分析. 中国农学通报, 26(24): 80-82.

康林峰, 梁植荣, 刘光辉, 等. 2011. 娄底市葛类资源调查分析与开发建议. 湖南农业科学, (1): 66-67.

寇宗奭. 1990. 本草衍义. 颜正华, 等, 点校. 北京: 人民卫生出版社: 58.

黎裕, 李英慧, 杨庆文, 等. 2015. 基于基因组学的作物种质资源研究: 现状与展望. 中国农业科学, 48(17): 3333-3353.

黎裕, 王天宇. 2018. 美国植物种质资源保护与研究利用. 作物杂志, (6): 1-9.

吕梦云. 2017. 葛藤黄酮提取物对肉鸡生产性能和脂肪代谢的影响. 南昌: 江西农业大学硕士学位论文.

李德铢, 蔡杰, 贺伟, 等. 2021. 野生生物种质资源保护的进展和未来设想. 中国科学院院刊, 36(4): 409-416.

李欢欢. 2016. 普通小麦-冰草 2P 异源染色体易位系的创制、分子鉴定与遗传分析. 北京: 中国农业科学院博士学位论文.

李金梅. 2014. 不同时期收集的农家保护云南水稻地方品种的遗传多样性比较. 北京: 中国农业科学院硕士学位论文.

李军, 王镜辉, 田梦源, 等. 2013. 加减葛解醒汤治疗酒精性肝病 44 例的临床研究. 贵阳中医学院学报, 35(2): 75-77.

李亮, 黄积存, 王国蕾. 2020. 针刺配合葛根桂枝甘草汤治疗心律失常疗效观察. 上海针灸杂志, 39(12): 1510-1515.

李文娟, 刘姣蓉, 周玉梅, 等. 2020. 苦豆子主要生物碱含量表型性状的 SSR 标记关联分析. 中国中药杂志, 45(13): 3104-3111.

李先恩, 朱德蔚, 郑殿升. 2015. 中国作物及其野生近缘植物: 药用植物卷. 北京: 中国农业出版社.

李新. 2019. 桂枝加葛根汤治疗小儿外感发热 46 例疗效分析. 承德医学院学报, 36(5): 405-407.

李雪芹. 2007. 若干份水稻种质资源重要农艺性状的鉴定与评价. 南京: 南京农业大学硕士学位论文.

李袁杰, 明钟镱, 李风琴, 等. 2022. 葛属植物资源的研究进展. 生物灾害科学, 45(1): 1-7.

李悦, 李艳菊. 2007. 国内外葛根功能食品研究进展. 食品研究与开发, 28(12): 174-177.

李云, 张誉腾, 李钰昕, 等. 2022. 基于《中华医典》中医药治疗时行感冒的用药分析. 世界中医药, 17(14): 2041-2045.

李增援, 李纲, 刘洋. 2007. 粉葛的生物学特性及栽培技术. 现代农业科技, (22): 11-12.

李兆波. 2013. 葛根素生物合成调控及途径相关基因功能分析研究. 北京: 中国科学院大学博士学位论文.

李中立. 2007. 本草原始. 郑金生, 汪惟刚, 杨梅香, 整理. 北京: 人民卫生出版社: 74.

李中利, 张照喜. 2001. 葛叶粉代替麸皮饲喂育肥绵羔羊的效果试验. 饲料博览, (8): 45-46.

梁彬霞, 赵文红, 陈仕俏, 等. 2008. 黑糯米葛根酒的研制开发. 酿酒, 35(3): 74-76.

梁洁, 李琳, 唐汉军. 2016. 葛的功能营养特性与开发应用现状. 食品与机械, 32(11): 217-224.

梁倩, 徐文晖. 2012. 野葛花挥发油化学成分的 GC-MS 分析. 时珍国医国药, 23(1): 124-125.

梁远东, 潘广燧. 2004. 葛根的价值及其开发前景. 广西畜牧兽医, 20(6): 257-258.

廖洪波, 贺稚非, 王光慈, 等. 2003. 葛根的研究进展及展望. 食品工业科技, 24(2): 81-83.

林健松. 2008. 粉葛套种香芋技术推广与农民行为改变实践. 现代农业科技, (20): 98-99.

刘灿坤, 于瑞杰. 1997. 论古今药用葛根的品种. 时珍国药研究, 8(5): 389-390.

刘成新. 2015. 粉葛的高产种植技术. 中国农业信息, (14): 82, 92.

刘东吉, 余智奎, 刘春生, 等. 2011. 葛根种质资源的分子地理标识研究. 中国中药杂志, 36(3): 299-301.

刘冬梅, 吴才君, 范淑英. 2012. 葛根膨大相关基因表达的 cDNA-AFLP 分析. 江西农业大学学报, 34(2): 369-374.

刘方方, 李东平, 徐磊, 等. 2019. 安徽省主要农作物种质资源调查与分析. 中国农学通报, 35(3): 20-25.

刘吉升, 吴璇, 吕旻, 等. 2011. 葛根糖基转移酶蛋白肽段序列的分离与鉴定. 生物技术, 21(1): 4-7.

刘建林, 夏明忠, 罗强, 等. 2005. 葛藤的饲用价值及其在攀西地区畜牧业中的应用. 资源开发与市场, 21(1): 52-53.

刘良科, 肖龙骞. 2019. 湖南葛属一个新记录种及其形态补充描述. 怀化学院学报, 38(11): 49-51.

刘林, 邓友军, 封海东, 等. 2020. 房县"红天麻"等与粉葛套种栽培技术. 现代园艺, 43(13): 89-91.

刘土平, 薛艳红. 2006. 鱼腥草、葛粉复合型保健饮料的制作. 食品研究与开发, 27(11): 106-109.

刘文泰, 等. 1982. 本草品汇精要. 北京: 人民卫生出版社, 296.

刘小玲, 丘华, 王士长. 2001. 葛根功能饮料的制造. 食品工业, 22(2): 18-19.

刘旭, 黎裕, 李立会, 等. 2023. 作物种质资源学理论框架与发展战略. 植物遗传资源学报, 24(1): 1-10.

刘旭, 李立会, 黎裕, 等. 2018. 作物种质资源研究回顾与发展趋势. 农学学报, 8(1): 1-6.

刘旭, 郑殿升, 黄兴奇. 2013. 云南及周边地区农业生物资源调查. 北京: 科学出版社.

刘义鹍, 宛晓春. 1998. 葛根资源的开发与利用. 中国林副特产, (2): 40-41.

刘英汉. 2002. 葛的栽培与葛根的加工利用. 北京: 金盾出版社.

刘雨诗, 刘娟汝, 张存艳, 等. 2020. 微波萃取葛根总黄酮工艺及其抗氧化活性研究. 时珍国医国药, 31(1): 68-72.

柳李旺, 龚义勤, 黄浩, 等. 2004. 新型分子标记: SRAP 与 TRAP 及其应用. 遗传, 26(5): 777-781.

柳亚男, 刘攀, 张倩, 等. 2018. 高效液相色谱法测定野葛、粉葛及葛根汤颗粒中葛根素的含量. 烟台大学学报(自然科学与工程版), 31(4): 354-357.

龙汉利, 鄢武先, 闵安民, 等. 2008. 四川粉葛生物能源产业化发展调研报告. 四川林业科技, 29(2): 40-45, 83.

陆宁, 宛晓春, 林毅. 1998. 葛粉-茯苓即食保健糊的加工. 食品工业科技, 19(3): 29-30.

龙紫媛, 尚小红, 曹升, 等. 2022. 药食同源中药葛根产区质量考证与产品研发现状. 中国现代中药, 24(9): 1784-1796.

卢新雄, 高爱农, 陈晓玲, 等. 2020. 农作物种质资源调查收集技术规范: NY/T 3757—2020. 北京: 中华人民共和国农业农村部: 1-10.

卢新雄, 王力荣, 辛霞, 等. 2023. 种质圃作物种质资源安全保存策略与实践. 植物遗传资源学报, 24(1): 32-43.

卢新雄, 辛霞, 刘旭. 2019. 作物种质资源安全保存原理与技术. 北京: 科学出版社.

卢之颐. 1986. 本草乘雅半偈（校点本）. 冷方南, 王齐南, 校点. 北京: 人民卫生出版社: 207.

陆孝成. 2020. 葛根汤加减联合冲击波治疗神经根型颈椎病的临床观察. 内蒙古中医药, 39(1): 119-121.

路广秀, 包立道, 张芳. 2017. 葛根素对高脂血症患者靶器官功能的保护作用. 中国临床研究, 30(2): 165-167.

罗亚红, 周正邦, 欧珍贵, 等. 2013. 贵州葛根产业化现状分析与对策建议. 农业研究与应用, (5): 47-50.

马崇坚, 郑声云, 卓海标. 2013. 粉葛种苗离体繁殖技术初步研究. 广东农业科学, 40(15): 28-30, 35, 4.

马树运, 楚纪明, 李海峰, 等. 2015. 泰国葛不同部位几种次生代谢产物的研究. 大理学院学报, 14(8): 8-10.

马玉胜. 1999. 葛叶粉饲喂长毛兔的试验效果. 畜禽业, (6): 32-33.

毛冬梅. 2011. 6 个粉葛品种主要内含物及生理生化特性的比较研究. 雅安: 四川农业大学硕士学位论文.

毛霞. 2015. 粉葛组织培养及植株再生研究. 辽宁农业职业技术学院学报, 17(4): 12-13, 23.

孟诜. 2007. 食疗本草译注（修订本）. 郑金生, 张同君, 译注. 上海: 上海古籍出版社.

孟祥勋. 2002. 生物科学中的种质资源学. 生物学通报, 37(6): 22-24.

倪萍, 战丽彬. 2020. 十神汤治疗早期新型冠状病毒肺炎探析. 河南中医, 40(6): 824-826.

欧昆鹏, 张尚文, 苏宾, 等. 2017. 葛新品种桂粉葛 1 号的选育. 中国蔬菜, (11): 75-77.

欧阳修, 宋祁. 1975. 新唐书: 卷二十四. 北京: 中华书局: 532-533.

潘磊. 2019. 葛根汤治疗上呼吸道感染外寒内热证的临床观察. 中国中医药现代远程教育, 17(4): 77-78, 81.

潘玲玲, 任江剑, 江建铭. 2011. 野葛葛根素积累动态的研究. 中国现代中药, 13(9): 15-17.

潘美晴, 郑昊, 刘梦玉, 等. 2015. 注射用葛根素溶液对蟾蜍离体心脏功能的影响. 西部中医药,

28(7): 15-17.

蒲清海. 1986. 黄疸肝炎临证十二法. 四川中医, 4(8): 20-21.

邱远. 2013. 葛根露酒生产工艺的研究. 南京: 南京农业大学硕士学位论文.

瞿飞, 孙志佳, 陈爱茜, 等. 2011. 地道粉葛的地理标志知识产权保护的思考. 江西农业学报, 23(10): 172-175.

饶先军, 陈艳秋, 彭莘. 2015. 一种桂圆花生养生葛花茶: CN 104824264 A. 2015-05-21 [2015-08-12].

任羽, 王得元, 张银东. 2004. 相关序列扩增多态性（SRAP）一种新的分子标记技术. 中国农学通报, 20(6): 11-13, 22.

戎郁萍, 曹喆, 赵秀芳, 等. 2007. 美国植物种质资源的收集、保存、利用与评价. 草业科学, 24(12): 22-25.

阮淑明, 范子南. 2010. 白花葛的特征特性及其开发利用. 现代农业科技, (20): 162, 168.

上官佳. 2012. 葛根全粉制备工艺研究及品质分析. 长沙: 湖南农业大学硕士学位论文.

尚小红, 曹升, 肖亮, 等. 2020. 广西葛种质资源调查与收集. 植物遗传资源学报, 21(5): 1301-1307.

尚小红, 曹升, 严华兵, 等. 2020. 葛种质资源的研究及其开发利用. 农学学报, 10(4): 65-70.

尚小红, 曹升, 严华兵, 等. 2021. 广西粉葛产业现状分析及其发展建议. 南方农业学报, 52(6): 1510-1519.

尚小红, 严华兵, 曹升, 等. 2018. 葛根 SCoT-PCR 反应体系优化及引物筛选. 南方农业学报, 49(1): 1-7.

尚小红, 严华兵, 曹升, 等. 2019a. 葛根 SRAP-PCR 反应体系的优化及引物筛选. 分子植物育种, 17(16): 5368-5374.

尚小红, 严华兵, 曹升, 等. 2019b. 广西地方葛根种质资源遗传多样性的 SCoT 分析. 核农学报, 33(7): 1311-1317.

邵启全, 扎哈洛夫. 1991. 苏联植物遗传资源研究和瓦维洛夫的贡献. 作物品种资源, (2): 38-40.

邵伟, 唐明, 熊泽, 等. 2003. 生料葛根保健酒发酵参数变化规律研究. 中国酿造, 22(6): 21-23.

邵伟, 唐明, 熊泽, 等. 2004. 野生葛根保健醋发酵工艺研究. 江苏调味副食品, 21(3): 5-7.

宋希, 杨正德, 刘青, 等. 2012. 苜蓿、葛根、苦荞对生长肥育猪氨基酸沉积的营养调控. 贵州农业科学, 40(9): 143-145, 148.

宋希强. 2012. 观赏植物种质资源学. 北京: 中国建筑工业出版社.

苏敬, 等. 1981. 唐·新修本草: 辑复本. 尚志钧, 辑校. 合肥: 安徽科学技术出版社: 208.

苏蕾, 苏改生. 2016. 葛根发酵液对原发性高血压大鼠的降血压作用. 食品安全质量检测学报, 7(10): 3924-3928.

苏颂. 2017. 本草图经辑校本. 尚志钧, 辑校. 北京: 学苑出版社: 166-167.

苏提达. 2017. 泰国与中国主要葛根品种的对比研究. 北京: 北京中医药大学硕士学位论文.

苏勇, 李忠海, 钟海雁, 等. 2006. 葛根膳食纤维对小白鼠免疫功能的影响. 中南林学院学报, 26(4): 110-112, 116.

粟发交. 2010. 贵港市春花生、沙姜、粉葛间套种栽培技术. 现代农业科技, (16): 93, 97.

孙丽丽. 2016. 野葛糖基转移酶催化杂泛性的研究. 北京: 中央民族大学硕士学位论文.

孙琦, 汤仁仙, 范兴丽, 等. 2008. 葛根素对炎症反应综合征大鼠的治疗作用. 中华急诊医学杂志, 17(2): 158-161.

孙卫, 徐秋玲, 郑学芝. 2008. 葛根素对糖尿病大鼠胰腺线粒体 NO 及自由基的影响. 中国药师,

11(7): 742-744.

谭燕群, 陈建芳, 揭雨成, 等. 2016. 不同葛种质资源的植物学性状、藤蔓产量和营养品质分析. 湖南林业科技, 43(5): 85-87, 91.

谭珍媛, 黄兴振, 梁秋云, 等. 2017a. 葛花醒酒护肝方水提取物对醉酒小鼠的解酒护肝作用研究及其急性毒性初步评价. 广西中医药大学学报, 20(4): 5-8.

谭珍媛, 梁秋云, 黄兴振. 2017b. 葛花的化学成分及其醒酒功能开发利用研究进展. 广西中医药大学学报, 20(1): 72-75.

唐春红, 陈琪. 2002. 国内外葛根营养保健功能的研究与开发现状. 中国食品添加剂, (6): 56-58.

唐俊. 2002. 葛属植物 RAPD 分析. 合肥: 安徽农业大学硕士学位论文.

唐慎微. 2021. 证类本草. 王家葵, 蒋淼, 点评. 北京: 中国医药科技出版社.

唐杨, 刘明山, 林唐唐, 等. 2020. 中西医结合治疗新型冠状病毒肺炎案例三则. 赣南医学院学报, 40(3): 249-253.

陶弘景. 1986. 名医别录（辑校本）. 尚志钧, 辑校. 北京: 中国中医药出版社: 121.

陶弘景. 1994. 本草经集注（辑校本）. 尚志均, 尚元胜, 辑校. 北京: 人民卫生出版社: 271.

田新民, 李洪立, 何云, 等. 2014. 热带作物顽拗型种子保存研究进展. 热带农业科学, 34(8): 52-58.

王爱丽, 骆忠伟. 2014. 黑龙江省地方种质资源及珍稀植物资源保护的研究和利用. 黑龙江科技信息, (17): 268.

王春怡, 杨方明, 李卫民, 等. 2008. 不同来源的粉葛中总黄酮和葛根素的含量测定. 时珍国医国药, 19(11): 2772-2773.

王峰. 2015. 12 种山西野葛形态解剖学及其生态环境研究. 太原: 山西大学硕士学位论文.

王福文, 王磊一, 徐淑兰, 等. 2000. 葛根素对兔脑循环及脑代谢的影响. 时珍国医国药, 11(7): 590-591.

王刚, 曹佩, 韦学敏, 等. 2019. 分子标记技术在药用植物种质资源研究中的应用. 中国现代中药, 21(11): 1435-1444.

王刚, 金劲松. 2020. 新型冠状病毒肺炎病机演变规律及经方的治疗实践: 附验案 4 则. 江苏中医药, 52(4): 18-22.

王家葵, 王佳黎, 贾君君. 2007. 中药材品种沿革及道地性. 北京: 中国医药科技出版社.

王家员, 樊建霜, 曾耀明. 2017. 葛根芩连汤加味治疗急性感染性腹泻（肠道湿热证）疗效观察. 中国中医急症, 26(3): 509-511.

王健柏, 王君高. 2004. 葛根、菊花、茯苓复合袋泡茶的研制. 食品科技, 29(7): 72-73, 77.

王金萍, 曾明, 边佳明, 等. 2007. 葛根复方对创伤应激大鼠神经内分泌的调整作用. 中国实验方剂学杂志, 13(3): 50-52.

王克明. 2005. PVA 共固定化双菌种发酵葛根酒的研究. 酿酒, 32(4): 66-68.

王兰, 蓝璟, 龚频, 等. 2017. 葛根异黄酮降血糖活性及作用机制的研究. 食品科技, 42(3): 223-226.

王蕊霞, 刘晓宇. 2008. 不同提取工艺下葛根多糖的比较研究. 食品工业科技, 29(4): 191.

王胜利, 杨玉珍, 胡如善, 等. 2007. 葛根的组织培养研究. 江苏农业科学, 35(4): 182-183.

王晓鸣, 邱丽娟, 景蕊莲, 等. 2022. 作物种质资源表型性状鉴定评价: 现状与趋势. 植物遗传资源学报, 23(1): 12-20.

王颖. 2021. 美味粉葛: 手把手教您如何吃粉葛. 北京: 中国农业科学技术出版社.

王雨婷. 2020. 我国不同地域葛根中异黄酮组分的检测与功效研究. 北京: 北京工业大学硕士学位论文.

王智谋, 王欢妍, 向春艳, 等. 2017. 葛安锦 1 号的选育与栽培技术. 浙江农业科学, 58(3): 457-459.

魏凤华. 2016. 葛根咀嚼片制备工艺及其降糖降脂作用的初步研究. 太原: 山西中医学院硕士学位论文.

魏文恺. 2015. 山西不同产地野葛的快速繁殖及 RAPD 分析. 太原: 山西大学硕士学位论文.

吴德邻, 陈忠毅, 黄向旭. 1994. 中国葛属（*Pueraria* DC.）的研究. 热带亚热带植物学报, (3): 12-21.

吴丽芳, 张素芳, 蒋亚莲, 等. 2005. 粉葛的离体培养和无糖生根. 植物生理学通讯, 41(5): 646.

吴普. 1987. 吴普本草. 尚志钧, 辑校. 北京: 人民卫生出版社: 32.

吴其濬. 2008. 植物名实图考校释. 张瑞贤, 等校注. 北京: 中医古籍出版社: 396-397.

吴庆玲, 许缘巧, 章琼蕾, 等. 2016. 葛叶的研究进展. 科技创新与应用, (11): 62-63.

吴然然. 2015. 野葛异黄酮生物合成途径中关键转录因子的克隆和功能研究. 北京: 中国科学院大学硕士学位论文.

吴问广, 董林林, 陈士林. 2020. 药用植物分子育种研究方向探讨. 中国中药杂志, 45(11): 2714-2719.

吴向阳, 仰玲玲, 仰榴青, 等. 2009. RP-HPLC 法同时测定野葛的根、茎和叶中葛根素、大豆苷和大豆苷元的含量. 食品科学, 30(14): 248-252.

吴潇. 2020. 不同来源葛根遗传多样性分析及种植密度和施肥量对葛根生长特性的影响. 重庆: 西南大学硕士学位论文.

吴晓雯, 王铁杆, 刘颖, 等. 2020. DNA 分子标记技术在坛紫菜（*Pyropia haitanensis*）中的应用. 渔业研究, 42(3): 281-287.

吴裕. 2008. 浅论植物种质、种质资源、品系和品种的概念及使用. 热带农业科技, 31(2): 45-49.

吴志瑰, 邓可众, 葛菲, 等. 2020. 葛类中药的品种沿革、产区及功效考证. 江西中医药大学学报, 32(1): 1-4, 124.

武晶, 郭刚刚, 张宗文, 等. 2022. 作物种质资源管理: 现状与展望. 植物遗传资源学报, 23(3): 627-635.

冼成基, 卢运富. 2009. 香芋、粉葛、生姜间套种技术. 南方园艺, 20(3): 55-56.

肖亮, 尚小红, 曹升, 等. 2019. 基于转录组测序的葛根 SSR 标记研究与利用. 西北植物学报, 39(1): 59-67.

肖淑贤, 李安平, 范圣此, 等. 2013. 葛根种质资源研究进展. 山西农业科学, 41(1): 99-102.

肖学凤, 高岚. 2001. HPLC 法测定不同产地葛根中葛根素的含量. 中草药, 32(3): 220.

谢冬娣, 岳君, 区兑鹏, 等. 2019. 葛根微粉的制备工艺及品质特性研究. 食品研究与开发, 40(1): 76-84.

谢观. 1921. 中国医学大辞典. 北京: 商务印书馆.

谢璐欣. 2021. 葛、粉葛和葛麻姆 3 个变种的生药学特征研究. 南昌: 江西中医药大学硕士学位论文.

谢璐欣, 黄秋连, 杨碧穗, 等. 2021a. 基于 UPLC-Q-TOF-MS 技术分析不同变种来源葛花的化学成分差异性. 中国实验方剂学杂志, 27(19): 149-156.

谢璐欣, 黄秋连, 杨碧穗, 等. 2021b. 基于高效液相色谱法分析不同变种来源葛花质量差异. 时珍国医国药, 32(5): 1139-1142.

辛霞, 尹广鹍, 张金梅, 等. 2022. 作物种质资源整体保护策略与实践. 植物遗传资源学报, 23(3): 636-643.

熊劲雅. 2014. 葛新品种杂交选育及规范化栽培技术研究. 长沙: 湖南农业大学硕士学位论文.

徐百万. 2017. 广西藤县粉葛品牌营销策略研究. 南宁: 广西大学硕士学位论文.

徐进, 张卫明, 马世宏, 等. 2000. 葛根在化妆品中的应用初探. 中国野生植物资源, 19(3): 11-13.

徐丽, 陈新, 魏海蓉, 等. 2014. 俄罗斯粮食和农业植物遗传资源保存状况. 山东农业科学, 46(4): 125-127.

徐茂红, 王菲菲, 高燕, 等. 2012. 大别山区产葛根黄酮对 CCl₄ 诱导的小鼠化学性肝损伤保护作用. 皖西学院学报, 28(5): 92-94.

徐燕. 2003. 葛根化学及生物活性物质的分离、纯化. 合肥: 安徽农业大学硕士学位论文.

闫冬梅. 2002. 日本对葛根汤的研究与临床应用. 国外医学 (中医中药分册), 24(6): 330-332, 372.

闫莉萍, 陈舜宏, 陈伟民, 等. 2006. 葛根素对膳食诱导的高胆固醇血症大鼠的血脂调节作用. 中国临床药理学与治疗学, 11(5): 574-577.

严华兵, 黄咏梅, 周灵芝, 等. 2020. 广西农作物种质资源. 薯类作物卷. 北京: 科学出版社.

杨碧穗, 黄秋连, 谢璐欣, 等. 2021. 葛根分子生药学研究进展. 中国中药杂志, 46(9): 2149-2157.

杨波, 陈京, 刘晨江, 等. 1994. 瑞莱星解酒及神逸保健茶的研制. 食品工业科技, 15(1): 17-20.

杨春城, 古能平, 钟华锋. 2004. 解渴保健凉茶饮料的研制. 饮料工业, 7(2): 27-29, 48.

杨吉华, 武善举, 王彭, 等. 1990. 葛藤保持水土效益的研究. 山东林业科技, 20(4): 37-40.

杨期和, 尹小娟, 叶万辉, 等. 2006. 顽拗型种子的生物学特性及种子顽拗性的进化. 生态学杂志, 25(1): 79-86.

杨希. 2015. 葛根素作为牙周炎宿主调节治疗药物的研究. 武汉: 武汉大学博士学位论文.

杨旭东, 王爱勤, 何龙飞. 2014. 葛根种质资源及其开发利用研究进展. 中国农学通报, 30(24): 11-16.

杨雪芳, 黄伟, 丁建清. 2013. RP-HPLC 法测定美国不同产地野葛根和叶片中葛根素、大豆苷和大豆苷元含量的研究. 植物科学学报, 31(4): 391-397.

姚怡玮, 徐静, 杨萌, 等. 2019. 基于生物信息学方法预测野葛中的 miRNA 及其靶基因. 中国现代中药, 21(4): 429-437.

叶和杨, 邱峰, 曾靖, 等. 2003. 大豆苷元抗心律失常作用的研究. 中国中药杂志, 28(9): 853-856.

叶天士. 2011. 本草经解. 张淼, 伍悦, 校. 北京: 学苑出版社.

尹广鹍, 辛霞, 张金梅, 等. 2022. 种质库种质安全保存理论研究的进展与展望. 中国农业科学, 55(7): 1263-1270.

于斌武, 柳文录, 张文学, 等. 2011. 粉葛新品种 "恩葛 08" 高产栽培技术. 中国果菜, 31(3): 12-13.

于钦辉, 杜以晴, 孙启慧, 等. 2021. 基于功效和物质基础的野葛、粉葛解热和抗病毒作用研究进展. 中华中医药学刊, 39(9): 89-94.

余智奎. 2009. 葛根药效成分含量地理变异及其基因分型研究. 北京: 北京中医药大学硕士学位论文.

余智奎, 南博, 刘春生, 等. 2009. 晋陕豫三省葛根资源调查. 中药材, 32(4): 491-492.

羽健宾, 李钰婷, 张静, 等. 2021. 粉葛查尔酮合成酶基因 *PtCHS* 的克隆与植物表达载体构建. 分子植物育种, 19(4): 1143-1149.

禹志领, 张广钦, 赵红旗, 等. 1997. 葛根总黄酮对小鼠记忆行为的影响. 中国药科大学学报, 28(6): 350-353.

郁建华. 2006. 葛蔓葛叶茶: CN 1857094 A. 2006-05-31[2006-11-08].

袁灿, 钟文娟, 龚一耘, 等. 2017. 葛根资源遗传多样性和性状关联分析. 植物遗传资源学报, 18(2): 233-241.

袁力行, 傅骏骅, Warburton M, 等. 2000. 利用 RFLP、SSR、AFLP 和 RAPD 标记分析玉米自交系遗传多样性的比较研究. 遗传学报, 27(8): 725-733, 756.

曾慧婷, 陈超, 褚怀亮, 等. 2020. 粉葛资源产业化过程废弃物中的黄酮类化学成分分析. 中国药房, 31(4): 451-456.

曾慧婷, 张媛媛, 宿树兰, 等. 2019. 葛采收加工过程及深加工过程废弃物的资源化利用现状与策略探讨. 中国现代中药, 21(2): 158-163.

曾明, 马雅军, 郑水庆, 等. 2003. 中药葛根及其近缘种的 rDNA-ITS 序列分析. 中国药学杂志, 38(3): 173-175.

曾明, 严继舟, 张汉明, 等. 2000. RAPD 技术在葛属药用植物分类和鉴定中的应用. 中草药, 31(8): 620-622.

曾千春, 周开达, 朱祯, 等. 2000. 中国水稻杂种优势利用现状. 中国水稻科学, 14(4): 243-246.

曾文丹, 严华兵, 肖亮, 等. 2021. 粉葛叶片愈伤组织诱导及植株再生. 植物生理学报, 57(5): 1098-1104.

曾文丹, 严华兵, 肖亮, 等. 2022. 葛根试管块根诱导及发育过程中的形态解剖学研究. 植物生理学报, 58(7): 1307-1316.

曾志安, 蔡少娜, 陈文艺, 等. 2017. 葛根汤颗粒治疗上呼吸道感染 100 例临床观察. 内蒙古中医药, 36(8): 45.

占晨, 周琪, 刘光斌, 等. 2019. 天然野生植物葛根黄酮的提取及其在化妆品中的应用. 应用化工, 48(6): 1351-1353.

张爱民, 阳文龙, 方红曼, 等. 2018. 作物种质资源研究态势分析. 植物遗传资源学报, 19(3): 377-382.

张彬, 向纪明. 2015. 葛根素结构修饰的研究进展. 安康学院学报, 27(5): 99-103, 111.

张奠湘, 陈忠毅. 1995. 葛属(*Pueraria* DC.)的分支分析. 热带亚热带植物学报, (1): 35-40.

张恩让, 魏德生, 高爱琴, 等. 2007. 息烽县葛的种质资源调查研究. 现代中药研究与实践, 21(1): 22-25.

张帆. 2008. 粉葛(*Pueraria thomsonii* Benth.)的组织培养及辐照对粉葛试管苗的作用的研究. 乌鲁木齐: 新疆农业大学硕士学位论文.

张帆, 祁建军, 周丽莉, 等. 2008. 粉葛试管块根诱导技术的研究. 时珍国医国药, 19(4): 918-919.

张丽, 刘良科, 郑丽平, 等. 2019. 野葛特异性 PCR 检测方法的建立与应用研究. 中南民族大学学报(自然科学版), 38(2): 204-209.

张丽杰, 赵天涛, 全学军, 等. 2007. 葛根酒的发酵工艺优化. 酿酒科技, (10): 40-42.

张莉, 何春萍, 刘良科, 等. 2017. 不同产地葛根中葛根素含量的测定. 怀化学院学报, 36(11): 11-14.

张鲁. 2015. 大巴山粉葛组织培养及低磷对其试管苗生长和生理特征的影响. 成都: 四川农业大学硕士学位论文.

张鹏斐. 2012. 富含黄酮类物质的葛根醋加工工艺及其体外抗氧化活性的研究. 长沙: 湖南农业大学硕士学位论文.

张蕊, 韩慧蓉, 高尔, 等. 2005. 葛根素对脑缺血损伤家兔皮质血管超微结构和血液流变学的影响. 潍坊医学院学报, 27(6): 421-423, 482.

张天真. 2003. 作物育种学总论. 北京: 中国农业出版社: 251.

张文杰. 2019a. 彩色图解《本草纲目》. 广州: 广东科技出版社: 40.

张文杰. 2019b. 彩色图解《神农本草经》. 广州: 广东科技出版社: 128.

张晓东, 周德刚, 王勇. 2020. 双葛止泻口服液对青脚麻鸡大肠杆菌病的治疗效果. 养禽与禽病防治, (12): 28-29.

张鑫, 刘杰, 曹文涛. 2011. 液态法发酵葛根酒工艺及产品特色. 中国酿造, 30(8): 148-150.

张雪松, 苏彦斌, 陈小文, 等. 2022. 我国植物种质资源的搜集、保护与发展. 中国野生植物资源, 41(3): 96-102.

张雁, 唐小俊, 李健雄, 等. 2004. 营养保健型葛根乳复合饮料的研制. 食品科技, 29(10): 70-72.

张雁, 张孝祺, 吴伟琪, 等. 2000. 葛根资源的开发利用. 中国野生植物资源, 19(6): 26-29.

张应, 李隆云, 舒抒, 等. 2013. 不同产地、品种及采收期粉葛可溶性糖和淀粉的含量测定. 中药材, 36(11): 1751-1754.

张志聪. 2011. 本草崇原. 张淼, 伍悦, 点校. 北京: 学苑出版社: 117-119.

张志强, 孟欣桐, 苗明三. 2016. 葛花的现代研究与思考. 中医学报, 31(12): 1957-1960.

赵立久, 何顺志. 2001. 贵州葛属药用植物的种类与分布. 西北药学杂志, 16(2): 59-60.

赵鹏, 姚思宇, 李凤文, 等. 2009. 葛根黄酮对乙醇性肝损伤的保护作用. 中国热带医学, 9(3): 444-445.

赵艳景, 张岩. 2012. 葛根抗氧化肽的分离及清除自由基活性研究. 食品科学, 33(13): 112-115.

郑飞, 戴雨霖, 王一博, 等. 2015. 醒酒益肝颗粒处方工艺及质量标准. 中成药, 37(8): 1708-1712.

郑高利, 张信岳, 郑经伟, 等. 2002. 葛根素和葛根总异黄酮的雌激素样活性. 中药材, 25(8): 566-568.

郑怀珊, 赵静娟, 秦晓婧, 等. 2021. 全球作物种业发展概况及对我国种业发展的战略思考. 中国工程科学, 23(4): 45-55.

郑敏婧, 李晓云, 李玲. 2013. 野葛葡糖基转移酶 PlUGTs 的同源建模及其活性位点分析. 生物信息学, 11(4): 287-292.

郑水庆, 曾明. 2002. 云南葛属药用植物资源调查. 中草药, 33(8): 755-756.

郑霞, 王郝为, 唐守伟, 等. 2017. 8 个引种葛藤品种在湖南地区块根饲用价值评价. 热带农业科学, 37(10): 12-15, 22.

郑云飞. 2021. 中国考古改变稻作起源和中华文明认知. 中国稻米, 27(4): 12-16.

中国科学院植物研究所. 1972. 中国高等植物图鉴: 第二册. 北京: 科学出版社.

中国科学院中国植物志编辑委员会. 1998. 中国植物志: 第四十二卷 第二分册. 北京: 科学出版社.

《中国药学大辞典》编委会. 2010. 中国药学大辞典. 北京: 人民卫生出版社.

中国医学科学院药物研究所, 等. 1979. 中药志. 北京: 人民卫生出版社.

周宝良, 张天真. 2005. 棉花特异种质资源的创造与利用研究. 棉花学报, 17(5): 304-308.

周红英, 王建华, 闫凤云. 2007. RP-HPLC 分离测定甘葛藤茎叶中葛根素、大豆苷和大豆苷元的含量. 中国中药杂志, 32(10): 937-939.

周精华, 揭雨成, 杜晓华, 等. 2013. 葛种质资源亲缘关系的 RAPD 分析. 作物研究, 27(4): 347-350.

周珺, 龙伟, 奎嘉祥. 2007. 葛藤的利用价值及开发前景. 草业与畜牧, (2): 35-38.

周荣荣, 周骏辉, 南铁贵, 等. 2019. 葛根 SSR 特征及江西粉葛 DNA 身份证的构建. 中国中药杂志, 44(17): 3615-3621.

周堂英. 2005. 粉葛(*Pueraria thomsonii* Benth.)组织培养体系的建立及同源四倍体新种质的培育. 重庆: 西南农业大学硕士学位论文.

周堂英, 李惠波, 向素琼, 等. 2005. 粉葛组织培养及同源四倍体诱导. 中草药, 36(8): 1230-1233.

周文灵, 王瑛华, 陈刚, 等. 2009. 野葛葡糖基转移酶基因 *PlUGT3* 的克隆与生物信息学分析. 植物生理学通讯, 45(7): 651-656.

周艳, 李梓民, 扶晓明, 等. 2008. 葛根异黄酮对去卵巢大鼠骨密度及骨钙含量的影响. 南华大学学报(医学版), 36(3): 293-295, 305.

周媛, 李亮, 潘智. 2004. 葛根保健酒的研制. 食品工业科技, 25(11): 123-124.

朱棣. 2007. 救荒本草校释与研究. 王家葵, 张瑞贤, 李敏, 校注. 北京: 中医古籍出版社: 197.

朱卫丰, 李佳莉, 孟晓伟, 等. 2021. 葛属植物的化学成分及药理活性研究进展. 中国中药杂志, 46(6): 1311-1331.

朱校奇, 周佳民. 2020. 中药材栽培技术. 长沙: 湖南科学技术出版社.

朱校奇, 周佳民, 黄艳宁, 等. 2011. 中国葛资源及其利用. 亚热带农业研究, 7(4): 230-234.

朱新英, 李梓民, 朱传龙, 等. 2008. 葛根异黄酮对去卵巢大鼠三种免疫细胞活性的影响. 南华大学学报（医学版）, 36(3): 296-298, 328.

邹明珠. 2004. 粉葛套种香芋栽培技术. 当代蔬菜, (12): 24.

貝原益軒. 1709. ヤマト ホンゾウ（大和本草）. 皇都: 京都書林永田調兵衛.

貝原益軒. 1815. ショサイフ（菜譜）. 京都: 京都大学附属図書館.

深根輔仁. 1978. ほんぞうわみょう（本草和名）. 正宗敦夫編纂校訂. 東京: 現代思潮社.

松村光重, 御影雅幸. 2002. 葛根の研究(Ⅰ). 日本東洋医学雑誌, 52(4): 493-499.

伊藤操子. 2010. クズ（*Pueraria lobata* Ohwi）. 草と緑, 2: 36-41.

Adhikari S, Saha S, Biswas A, et al. 2017. Application of molecular markers in plant genome analysis: a review. The Nucleus, 60(3): 283-297.

Bailey R Y. 1939. Kudzu for erosion control. USDA Farmers' Bulletin, 1840: 1-31.

Bailey R Y. 1944. Is it true what they say about Kudzu? Seed of phenomenal crop now available in limited quantities is now being increased. Southern Seedsman, 7: 46-47.

Baker J G. 1876. Leguminosae // Hooker J D. The Flora of British India. Vol. 2. London: L. Reeve & Co.: 56-207.

Maji A K, Pandit S, Banerji P, et al. 2014. *Pueraria tuberosa*: a review on its phytochemical and therapeutic potential. Natural Product Research, 28(23): 2111-2127.

Baranec T, Murin A. 2003. Karyogical analyses of some Korean woody plants. Biologia, 58(4): 797-804.

Bell E A, Lackey J A, Polhill R M. 1978. Systematic significance of canavanine in the Papilionoideae

(Faboideae). Biochemical Systematics and Ecology, 6(3): 201-212.

Bell E A. 1981. Non-protein amino acids in the Leguminosae // Polhill R M, Raven P H. Advances in Legume Systematics. Part 2. Richmond: Royal Botanic Gardens Kew: 489-499.

Bentham G P L S. 1865a. Notes on *Pueraria*, DC., correctly referred by the author to Phaseoleae. Botanical Journal of the Linnean Society, 9(33-34): 121-125.

Bentham G P L S. 1865b. Leguminosae // Bentham G, Hooker J D. Genera Plantarum. London: Reeve & Co., 1(2): 434-600.

Berger C A, Witkus E R, McMahon R M. 1958. Cytotaxonomic studies in the Leguminosae. Bulletin of the Torrey Botanical Club, 86(6): 405-415.

Bir S S, Kumari S. 1977. Evolutionary status of Leguminosae from Pachmarhi (Central India). The Nucleus, 20: 94-98.

Bir S S, Sidhu S. 1966. In IOPB chromosome number reports VI. Taxon, 15: 117-128.

Bir S S, Sidhu S. 1967. Cytological observation on the North Indian members of family Leguminosae. The Nucleus, 10: 47-63.

Birdsong B A, Alston R, Turner B L. 1960. Distribution of canavanine in the family Leguminosae as related to phyletic groupings. Canadian Journal of Botany, 38(4): 499-505.

Blackwell J. 1975. The vine that ate the south. Plants Gardens, 30: 29-30.

Blaustein R J. 2001. Kudzu's invasion into Southern United States life and culture // McNeeley J A. The Great Reshuffling: Human Dimensions of Invasive Species. IUCN, Switzerland and Cambridge: The World Conservation Union, Gland, UK: 55-62.

Boué S M, Wiese T E, Nehls S, et al. 2003. Evaluation of the estrogenic effects of legume extracts containing phytoestrogens. Journal of Agricultural and Food Chemistry, 51(8): 2193-2199.

Cagle W. 2013. Parsing polyphyletic *Pueraria*: Delimiting distinct evolutionary lineages through phylogeny. Greenville: Ph.D. Thesis, East Carolina University.

Cao Y P, Li K, Li Y L, et al. 2020. MYB transcription factors as regulators of secondary metabolism in plants. Biology (Basel), 9(3): 61.

Carriere E A. 1891. *Pueraria thunbergiana*. Revue Horticole (Paris), 63: 31-32.

Celesti-Grapow L, Pretto F, Carli E, et al. 2010. Flora Vascolare Alloctona e Invasiva Delle Regioni d'Italia. Roma: Sapienza University of Rome.

Chansakaow S, Ishikawa T, Sekine K, et al. 2000. Isoflavonoids from *Pueraria mirifica* and their estrogenic activity. Planta Medica, 66(6): 572-575.

Chen G, Wu X, Zhou W L, et al. 2010. Preparation and assay of C-glucosyltransferase from roots of *Pueraria lobata*. Journal of Environmental Biology, 31(5): 655-660.

Cherdshewasart W, Sriwatcharakul S. 2007. Major isoflavonoid contents of the 1-year-cultivated phytoestrogen-rich herb, *Pueraria mirifica*. Bioscience, Biotechnology, and Biochemistry, 71(10): 2527-2533.

Choi K Y, Jung E, Jung D H, et al. 2012. Cloning, expression and characterization of *CYP102D1*, a self-sufficient P450 monooxygenase from *Streptomyces avermitilis*. The FEBS Journal, 279(9): 1650-1662.

Collard B C Y, Mackill D J. 2009. Start *Codon* targeted (SCoT) polymorphism: a simple, novel DNA marker technique for generating gene-targeted markers in plants. Plant Molecular Biology Reporter, 27(1): 86-93.

Cui H X, Liu Q, Tao Y Z, et al. 2008. Structure and chain conformation of a $(1\rightarrow6)$-α-d-glucan from the root of *Pueraria lobata* (Willd.) Ohwi and the antioxidant activity of its sulfated derivative. Carbohydrate Polymers, 74(4): 771-778.

Dalal S S, Patnaik N. 1963. Kudzu cultivation for soil conservation. The Indian Forester, 89: 468-473.

Darlington C D, Janaki Ammal E K. 1946. Chromosome Atlas of Cultivated Plants. London: Allen and Unwin: 172.

Darlington C D, Wylie A P. 1956. Chromosome Atlas of Flowering Plants. 2nd ed. London: George Allen and Unwin Ltd.

de Candolle A P. 1886. Origin of Cultivated plants. D. Appleton and Company.

Doyle J J, Doyle J L, Harbison C. 2003. Chloroplast-expressed glutamine synthetase in *Glycine* and related Leguminosae: phylogeny, gene duplication, and ancient polyploidy. Systematic Botany, 28(3): 567-577.

Du H, Yang S S, Liang Z, et al. 2012. Genome-wide analysis of the MYB transcription factor superfamily in soybean. BMC Plant Biology, 12: 106.

Duan H Y, Wang J, Zha L P, et al. 2022. Molecular cloning and functional characterization of an isoflavone glucosyltransferase from *Pueraria thomsonii*. Chinese Journal of Natural Medicines, 20(2): 133-138.

Edmisten J A, Perkins H F. 1967. The role and status of Kudzu in the southeast. Association of the Southeastern Biologists Bulletin, 14: 27.

Egan A N. 2020. Economic and ethnobotanical uses of tubers in the genus *Pueraria* DC. Legume, 19: 19-24.

Egan A N, Pan B. 2015a. *Pueraria stracheyi*, a new synonym to *Apios carnea* (Fabaceae). Phytotaxa, 218(2): 147-155.

Egan A N, Pan B. 2015b. Resolution of polyphyly in *Pueraria* (Leguminosae, Papilionoideae): the creation of two new Genera, *Haymondia* and *Toxicopueraria*, the resurrection of *Neustanthus*, and a new combination in *Teyleria*. Phytotaxa, 218(3): 201-226.

Egan A N, Vatanparast M, Cagle W. 2016. Parsing polyphyletic *Pueraria*: delimiting distinct evolutionary lineages through phylogeny. Molecular Phylogenetics and Evolution, 104: 44-59.

Evans S V, Fellows L E, Bell E A. 1985. Distribution and systematic significance of basic non-protein amino acids and amines in the Tephrosieae. Biochemical Systematics and Ecology, 13(3): 271-302.

Everest J W, Miller J H, Ball D M, et al. 1999. Kudzu in Alabama: history, uses and control. Alabama A&M and Auburn Universities, Alabama Cooperative Extension System ANR-65.

FAO. 2010. The Second Report on the State of World's Plant Genetic Resources for Food and Agriculture. Rome: FAO.

Falcone Ferreyra M L, Rius S P, Casati P. 2012. Flavonoids: biosynthesis, biological functions, and biotechnological applications. Frontiers in Plant Science, 3: 222.

Forseth I N, Innis A F. 2004. Kudzu (*Pueraria montana*): history, physiology, and ecology combine to make a major ecosystem threat. Critical Reviews in Plant Sciences, 23(5): 401-413.

Frahm-Leliveld J A. 1953. Some chromosome numbers in tropical leguminous plants. Euphytica, 2(1): 46-48.

Guerra M C, Speroni E, Broccoli M, et al. 2000. Comparison between Chinese medical herb *Pueraria lobata* crude extract and its main isoflavone puerarin Antioxidant properties and effects on rat liver CYP-catalysed drug metabolism. Life Sciences, 67(24): 2997-3006.

Gigon A, Pron S, Buholzer S. 2014. Ecology and distribution of the Southeast Asian invasive liana Kudzu, *Pueraria lobata* (Fabaceae), in Southern Switzerland. EPPO Bulletin, 44(3): 490-501.

Gill L S, Husaini S W H. 1986. Cytological observations in Leguminosae from southern *Nigeria*. Willdenowia, 15(2): 521-527.

Godwin I D, Aitken E A B, Smith L W. 1997. Application of inter simple sequence repeat (ISSR) markers to plant genetics. Electrophoresis, 18(9): 1524-1528.

Goldblatt P. 1981. Chromosome numbers in legumes Ⅱ. Annals of the Missouri Botanical Garden, 68(4): 551-557.

Goulão L, Oliveira C M. 2001. Molecular characterisation of cultivars of apple (*Malus × domestica* Borkh.) using microsatellite (SSR and ISSR) markers. Euphytica, 122(1): 81-89.

Guo K Y, Yao Y W, Yang M, et al. 2020. Transcriptome sequencing and analysis reveals the molecular response to selenium stimuli in *Pueraria lobata* (Willd.) Ohwi. PeerJ, 8: e8768.

Gurzenkov N N. 1973. Studies of chromosome numbers of plants from the south of the Soviet Far East. V.L. Komarov Memorial Lectures, 20: 47-61.

Han R C, Takahashi H, Nakamura M, et al. 2015. Transcriptomic landscape of *Pueraria lobata* demonstrates potential for phytochemical study. Frontiers in Plant Science, 6: 426.

Hardas M W, Joshi A B. 1954. A note on the chromosome numbers of some plants. Indian Journal of Genetics & Plant Breeding, 14(1): 47-49.

Harms H. 1915. Leguminosae // Engler A, Drude O. Die Vegetation der Erde.Ⅸ. Die Pflanzenwelt Afrikas Insbesondere Seiner Tropischen Gebiete. Leipzig: Wilhelm Engelmann: 327-698.

Haynsen M S, Vatanparast M, Mahadwar G, et al. 2018. De novo transcriptome assembly of *Pueraria montana* var. *lobata* and *Neustanthus phaseoloides* for the development of eSSR and SNP markers: Narrowing the US origin(s) of the invasive kudzu. BMC Genomics, 19(1): 439.

He M J, Yao Y W, Li Y N, et al. 2019. Comprehensive transcriptome analysis reveals genes potentially involved in isoflavone biosynthesis in *Pueraria thomsonii* Benth. PLoS ONE, 14(6): e0217593.

He X Z, Blount J W, Ge S J, et al. 2011. A genomic approach to isoflavone biosynthesis in kudzu (*Pueraria lobata*). Planta, 233(4): 843-855.

Hebert P D N, Ratnasingham S, DeWaard J R. 2003. Barcoding animal life: cytochrome c oxidase subunit 1 divergences among closely related species. Proceedings Biological Sciences, 270(Suppl 1): S96-S99.

Heider B, Fischer E, Berndl T, et al. 2007. Analysis of genetic variation among accessions of *Pueraria montana* (Lour.) Merr. var. *lobata* and *Pueraria phaseoloides* (Roxb.) Benth. based on RAPD markers. Genetic Resources and Crop Evolution, 54(3): 529-542.

Hickman J E, Wu S L, Mickley L J, et al. 2010. Kudzu (*Pueraria montana*) invasion doubles emissions of nitric oxide and increases ozone pollution. Proceedings of the National Academy of Sciences of the United States of America, 107(22): 10115-10119.

Hipps C B. 1994. Kudzu: A vegetable menace that started out as a good idea. Horticulture, 72: 36-39.

Huang X Z, Gong S D, Shang X H, et al. 2024. High-integrity *Pueraria Montana* var. *lobata* genome and population analysis revealed the genetic diversity of *Pueraria* genus. DNA Research, 31(3): dsae017.

Hutchinson J. 1964. The Genera of Flowering Plants. Dicotyledones. Vol. 1. London et Alibi: Oxford University Press.

Inoue T, Fujita M. 1977. Biosynthesis of puerarin in *Pueraria* root. Chemical and Pharmaceutical Bulletin, 25(12): 3226-3231.

Jungsukcharoen J, Dhiani B A, Cherdshewasart W, et al. 2014. *Pueraria mirifica* leaves, an alternative potential isoflavonoid source. Bioscience, Biotechnology, and Biochemistry, 78(6): 917-926.

Jearapong N, Chatuphonprasert W, Jarukamjorn K. 2014. Miroestrol, a phytoestrogen from *Pueraria mirifica*, improves the antioxidation state in the livers and uteri of β-naphthoflavone-treated mice. Journal of Natural Medicines, 68(1): 173-180.

Joung J Y, Mangai Kasthuri G, Park J Y, et al. 2003. An overexpression of chalcone reductase of *Pueraria montana* var. *lobata* alters biosynthesis of anthocyanin and 5′-deoxyflavonoids in transgenic tobacco. Biochemical and Biophysical Research Communications, 303(1): 326-331.

Kato-Noguchi H. 2023. The impact and invasive mechanisms of *Pueraria montana* var. *lobata*, one of the world's worst alien species. Plants (Basel), 12(17): 3066.

Kim Y J, Kim H J, Ok H M, et al. 2018. Effect and interactions of *Pueraria-Rehmannia* and aerobic exercise on metabolic inflexibility and insulin resistance in ovariectomized rats fed with a high-fat diet. Journal of Functional Foods, 45: 146-154.

Kinjo J, Aoki K, Okawa M, et al. 1999. HPLC profile analysis of hepatoprotective oleanene-glucuronides in Puerariae Flos. Chemical & Pharmaceutical Bulletin, 47(5): 708-710.

Kitagawa M, Tomiyama T. 1929. A new amino-compound in the jack bean and a corresponding new ferment. (Ⅰ). The Journal of Biochemistry, 11(2): 265-271.

Kodama A. 1977. Karyological and morphological observations on root nodules of some woody and herbaceous leguminous plants. Bulletin of the Hiroshima Agricultural College, 5(4): 389-393.

Kodama A. 1989. Karyotype analyses of chromosomes in eighteen species belonging to nine tribes in Leguminosae. Bulletin of the Hiroshima Agricultural College (Japan).

Koirala P, Seong S H, Jung H A, et al. 2018. Comparative evaluation of the antioxidant and anti-alzheimer's disease potential of coumestrol and puerarol isolated from *Pueraria lobata* using molecular modeling studies. Molecules (Basel), 23(4): 785.

Korsangruang S, Soonthornchareonnon N, Chintapakorn Y, et al. 2010. Effects of abiotic and biotic elicitors on growth and isoflavonoid accumulation in *Pueraria candollei* var. *candollei* and *P. candollei* var. *mirifica* cell suspension cultures. Plant Cell Tissue and Organ Culture (PCTOC), 103(3): 333-342.

Kumar P S, Hymowitz T. 1989. Where are the diploid (2*n*=2*x*=20) genome donors of *Glycine* Willd. (Leguminosae, Papilionoideae)? Euphytica, 40(3): 221-226.

Kumari S. 1990. Karyomorphological evolution in Papillionaceae. Journal of Cytology and Genetics, 25: 173-219.

Lackey J A. 1977a. A revised classification of the tribe Phaseoleae (Leguminosae: Papilionoideae) and its relation to canavanine distribution. Botanical Journal of the Linnean Society, 74(2): 163-178.

Lackey J A. 1977b. A synopsis of Phaseoleae (Leguminosae, Papilionoideae). Ames: Ph.D. Thesis, Iowa State University.

Lackey J A. 1977c. *Neonotonia*, a new generic name to include *Glycine wightii* (Arnott) Verdcourt (Leguminosae, Papilionoideae). Phytologia, 37: 209-212.

Lackey J A. 1981. Phaseoleae // Polhill R M, Raven P H. Advances in Legume Systematics. Kew Royal Botanic Gardens: 301-321.

Langran X, Dezhao C, Xiangyun Z, et al. 2010. Fabaceae // Flora of China Editorial Committee. Flora of China. Vol. 10. Beijing: Science Press; St. Louis: Missouri Botanical Garden Press: 1-577.

Larsen K. 1971. Chromosome numbers of some Thai Leguminosae. Botanisk Tidsskrift, 66: 38-50.

Lee J, Hymowitz T. 2001. A molecular phylogenetic study of the subtribe *Glycininae* (Leguminosae) derived from the chloroplast DNA *rps*16 intron sequences. American Journal of Botany, 88(11): 2064-2073.

Lewis G, Schrire B P, MacKinder B, et al. 2005. Legumes of the World. Richmond: The Royal Botanic Gardens, Kew.

Li G, Quiros C F. 2001. Sequence-related amplified polymorphism (SRAP), a new marker system based on a simple PCR reaction: its application to mapping and gene tagging in Brassica.

Theoretical and Applied Genetics, 103(2): 455-461.

Li J, Li Z B, Li C F, et al. 2014a. Molecular cloning and characterization of an isoflavone 7-*O*-glucosyltransferase from *Pueraria lobata*. Plant Cell Reports, 33(7): 1173-1185.

Li Q, Liu W J, Feng Y L, et al. 2022. Radix *Puerariae thomsonii* polysaccharide (RPP) improves inflammation and lipid peroxidation in alcohol and high-fat diet mice by regulating gut microbiota. International Journal of Biological Macromolecules, 209: 858-870.

Li R, Liang T, He Q L, et al. 2013. Puerarin, isolated from Kudzu root (Willd.), attenuates hepatocellular cytotoxicity and regulates the *GSK-3β/NF-κB* pathway for exerting the hepatoprotection against chronic alcohol-induced liver injury in rats. International Immuno-pharmacology, 17(1): 71-78.

Li Z B, Li C F, Li J, et al. 2014b. Molecular cloning and functional characterization of two divergent 4-coumarate: coenzyme A ligases from Kudzu (*Pueraria lobata*). Biological & Pharmaceutical Bulletin, 37(1): 113-122.

Lindgren C J, Castro K L, Coiner H A, et al. 2013. The biology of invasive alien plants in Canada. 12. *Pueraria montana* var. *lobata* (Willd.) Sanjappa & Predeep. Canadian Journal of Plant Science, 93(1): 71-95.

Litt M, Luty J A. 1989. A hypervariable microsatellite revealed by in vitro amplification of a dinucleotide repeat within the cardiac muscle actin gene. American Journal of Human Genetics, 44(3): 397-401.

Liu F, Wang W, Shen T T, et al. 2019. Rapid identification of kudzu powder of different origins using laser-induced breakdown spectroscopy. Sensors (Basel), 19(6): 1453.

Liu H K, Gyokusen K, Saito A. 1997a. Studies on leaf orientation movements in kudzu (*Pueraria lobata*) (Ⅰ): diurnal changes of leaflet azimuth and leaf temperature. Bulletin of the Kyushu University Forests, 5: 11-14.

Liu H K, Gvokusen K, Saito A. 1997b. Studies on leaf orientation movements in kudzu (*Pueraria lobata*) (Ⅱ): effects of leaf orientation movements on photosynthetic rate. Bulletin of the Kyushu University Forests, 77: 1-12.

Löve Á. 1977. IOPB chromosome number reports LVII. TAXON, 26(4): 443-452.

Löve Á. 1979. IOPD chromosome number reports LXIV. TAXON, 28(4): 391-408.

Lukas S E, Penetar D, Berko J, et al. 2005. An extract of the Chinese herbal root kudzu reduces alcohol drinking by heavy drinkers in a naturalistic setting. Alcoholism: Clinical and Experimental Research, 29(5): 756-762.

Malla S B. 1977. IOPB chromosome number reports LVII. Taxon, 26: 443-452.

Manonai J, Chittacharoen A, Udomsubpayakul U, et al. 2008. Effects and safety of *Pueraria mirifica* on lipid profiles and biochemical markers of bone turnover rates in healthy postmenopausal women. Menopause. 15(3): 530-535.

McKee R, Stephens J L. 1943. Kudzu as a farm crop. USDA Bulletin, 1923: 13.

Miles I F, Gross E E. 1939. A compilation of information on Kudzu. Mississippi Agricultural Station Bulletins, 326: 1-14.

Miller J H, Edwards B. 1983. Kudzu: Where did it come from? and How can we stop it? Southern Journal of Applied Forestry, 7(3): 165-169.

Mo C J, Wu Z D, Shang X H, et al. 2022. Chromosome-level and graphic genomes provide insights into metabolism of bioactive metabolites and cold-adaption of *Pueraria lobata* var. *montana*. DNA Research, 29(5): dsac030.

Mun S C, Mun G S. 2015. Dynamics of phytoestrogen, isoflavonoids, and its isolation from stems of

Pueraria lobata (Willd.) Ohwi growing in Democratic People's Republic of Korea. Journal of Food and Drug Analysis, 23(3): 538-544.

Nakajima O, Shibuya M, Hakamatsuka T, et al. 1996. cDNA and genomic DNA clonings of chalcone synthase from *Pueraria lobata*. Biological & Pharmaceutical Bulletin, 19(1): 71-76.

Nixon W M. 1948. Plant Kudzu from seed. Crops Soil, 1: 14-15.

Ohashi H. 2005. A new species of *Pueraria* (Leguminosae) from Guizhou, China. Journal of Japanese Botany, 80(1): 9-13.

Ohashi H, Iokawa Y. 2006. A new species, *Pueraria xyzhuii* (Leguminosae) from Yunnan, China, with pollen stainability and pollen morphology in comparison to related species. Journal of Japanese Botany, 81: 26-34.

Pan B, Liu B, Yu Z X, et al. 2015. *Pueraria grandiflora* (Fabaceae), a new species from Southwest China. Phytotaxa, 203(3): 287.

Pan B, Yao X, Corlett R T, et al. 2023. *Pueraria omeiensis* (Fabaceae), a new species from Southwest China. Taiwania, 68(1): 31-38.

Pradeep Reddy M, Sarla N, Siddiq E A. 2002. Inter simple sequence repeat (ISSR) polymorphism and its application in plant breeding. Euphytica, 128(1): 9-17.

Prain D. 1897. Order 8. Leguminosae. Journal of the Asiatic Society of Bengal, 66: 21-275.

Pritchard A J, Gould K F. 1964. Chromosome numbers in some introduced and indigenous legumes and grasses. Division of Tropical Pastures Technical Paper, 2: 1-18.

Probatova N S, Rudyka E G, Pavlova N S, et al. 2006. Chromosome numbers of plants of the Primorsky Territory, the Amur River basin and Magadan region. Botanicheskii Zhurnal, 91(3): 491-509.

Ramanathan K G. 1950. Identities and congruences of the Ramanujan type. Canadian Journal of Mathematics, 2: 168-178.

Ruby, Santosh Kumar R J, Vishwakarma R K, et al. 2014. Molecular cloning and characterization of genistein 4'-*O*-glucoside specific glycosyltransferase from Bacopa monniera. Molecular Biology Reports, 41(7): 4675-4688.

Sage R F, Coiner H A, Way D A, et al. 2009. Kudzu [*Pueraria montana* (Lour.) Merr. variety *lobata*]: a new source of carbohydrate for bioethanol production. Biomass and Bioenergy, 33(1): 57-61.

Saghai Maroof M A, Biyashev R M, Yang G P, et al. 1994. Extraordinarily polymorphic microsatellite DNA in barley: species diversity, chromosomal locations, and population dynamics. Proceedings of the National Academy of Sciences of the United States of America, 91(12): 5466-5470.

Sakai B. 1951. Karyotype analysis in Leguminous plants I. La Kromosoma, 11: 425-429.

Sasaki K, Tsurumaru Y, Yamamoto H, et al. 2011. Molecular characterization of a membrane-bound prenyltransferase specific for isoflavone from *Sophora flavescens*. Journal of Biological Chemistry, 286(27): 24125-24134.

Shang X H, Huang D, Wang Y, et al. 2021. Identification of nutritional ingredients and medicinal components of *Pueraria lobata* and its varieties using UPLC-MS/MS-based metabolomics. Molecules, 26(21): 6587.

Shang X H, Yi X X, Xiao L, et al. 2022. Chromosomal-level genome and multi-omics dataset of *Pueraria lobata* var. *thomsonii* provide new insights into legume family and the isoflavone and puerarin biosynthesis pathways. Horticulture Research, 9: uhab035.

Shelton D, Stranne M, Mikkelsen L, et al. 2012. Transcription factors of Lotus: Regulation of isoflavonoid biosynthesis requires coordinated changes in transcription factor activity. Plant Physiology, 159(2): 531-547.

Shen G A, Wu R R, Xia Y Y, et al. 2021. Identification of transcription factor genes and functional characterization of *PlMYB1* from *Pueraria lobata*. Frontiers in Plant Science, 12: 743518.

Shen J G, Yao M F, Chen X C, et al. 2009. Effects of puerarin on receptor for advanced glycation end products in nephridial tissue of streptozotocin-induced diabetic rats. Molecular Biology Reports, 36(8): 2229-2233.

Shi P L, Zhou Y, Shang X H, et al. 2024. Assessment of genetic diversity and identification of core germplasm of *Pueraria* in Guangxi using SSR markers. Tropical Plants, 3(1): 1-13.

Shi W L, Yuan R, Chen X, et al. 2019. Puerarin reduces blood pressure in spontaneously hypertensive rats by targeting eNOS. The American Journal of Chinese Medicine, 47(1): 19-38.

Shurtleff W, Aoyagi A. 1977. The Book of Kudzu: A Culinary & Healing Guide. Brookline, MA: Autumn Press.

Simmonds W J. 1954. The effect of fluid, electrolyte and food intake on thoracic duct lymph flow in unanaesthetized rats. The Australian Journal of Experimental Biology and Medical Science, 32(3): 285-299.

Simons R, Gruppen H, Bovee T F H, et al. 2012. Prenylated isoflavonoids from plants as selective estrogen receptor modulators (phytoSERMs). Food & Function, 3(8): 810-827.

Stefanović S, Pfeil B E, Palmer J D, et al. 2009. Relationships among phaseoloid legumes based on sequences from eight chloroplast regions. Systematic Botany, 34(1): 115-128.

Stevens L. 1976. King Kong Kudzu, menace to the south. Smithsonian, 7: 93-99.

Stewart M A. 1997. Cultivating kudzu: the soil conservation service and the kudzu distribution program. The Georgia Historical Quarterly, 81(1): 151.

Sucontphunt A, De-Eknamkul W, Nimmannit U, et al. 2011. Protection of HT22 neuronal cells against glutamate toxicity mediated by the antioxidant activity of *Pueraria candollei* var. *mirifica* extracts. Journal of Natural Medicines, 65(1): 1-8.

Suntichaikamolkul N, Tantisuwanichkul K, Prombutara P, et al. 2019. Transcriptome analysis of *Pueraria candollei* var. *mirifica* for gene discovery in the biosyntheses of isoflavones and miroestrol. BMC Plant Biology, 19(1): 581.

Suzuka O. 1950. Chromosome numbers in pharmaceutical plants. Ⅰ. Report of the Kihara Institute for Biological Research, 4: 57-58.

Tabor P. 1942. Observations of kudzu, *Pueraria thunbergiana* Benth., seedlings. Agronomy Journal, 34(5): 500-501.

Taubert P. 1894. Leguminosae // Engler A, Prantl K. Die Natürlichen Pflanzenfamilien. Leipzig: Wilhelm Engelmann: 70-396.

Tixier P. 1965. Données cytologiques sur quelques legumineuses cultivées ou spontanées du Vietnam et du Laos. Revue de Cytologie et de Biologie Vegetales, 28: 133-163.

Tiyasatkulkovit W, Malaivijitnond S, Charoenphandhu N, et al. 2014. *Pueraria mirifica* extract and puerarin enhance proliferation and expression of alkaline phosphatase and type Ⅰ collagen in primary baboon osteoblasts. Phytomedicine, 21(12): 1498-1503.

Uchida K, Sawada Y, Ochiai K, et al. 2020. Identification of a unique type of isoflavone *O*-methyltransferase, GmIOMT1, based on multi-omics analysis of soybean under biotic stress. Plant & Cell Physiology, 61(11): 1974-1985.

USDA. 2024. U.S. national plant germplasm system. (2024-05-17) [2024-07-25]. https://npgsweb.ars-grin.gov/gringlobal/query/summary.

van der Maesen L J G. 1985. Revision of the genus *Pueraria* DC with some notes on *Teyleria* Backer (Leguminosae). Wageningen Agricultural University Papers, 85: 1-130.

van der Maesen L J G. 1994. *Pueraria*, the Kudzu and its relatives, an update of the taxonomy //

Sorensen M. Proceedings of the First International Symposium on Tuberous Legumes, Gualdeloupe, F.W.I. Fredericksberg: DSR Boghandel: 55-86.

van der Maesen L J G. 2002. *Pueraria*: Botanical characteristics // Keung W M. *Pueraria*: The genus *Pueraria*. London: Taylor & Francis, 293: 1-28.

van der Maesen L J G, Almeida S M. 1988. Two corrections to the nomenclature in the revision of *Pueraria* DC. Journal of the Bombay Natural History Society, 85: 233-234.

Van Hung P, Morita N. 2007. Chemical compositions, fine structure and physicochemical properties of kudzu (*Pueraria lobata*) starches from different regions. Food Chemistry, 105(2): 749-755.

van Thuan N. 1975. Contribution to the karyo-taxonomical study of Phaseoleae. Revue Générale de Botanique.

Veatch C. 1934. Chromosomes of the soy bean. Botanical Gazette, 96(1): 189.

Vyhnánek T, Nevrtalová E, Bjelková M, et al. 2020. SSR loci survey of technical hemp cultivars: the optimization of a cost-effective analyses to study genetic variability. Plant Science, 298: 110551.

Wang B H, Luo Q, Li Y P, et al. 2020. Structural insights into target DNA recognition by R2R3-MYB transcription factors. Nucleic Acids Research, 48(1): 460-471.

Wang C K, Xu N G, Cui S. 2021. Comparative transcriptome analysis of roots, stems, and leaves of *Pueraria lobata* (Willd.) Ohwi: identification of genes involved in isoflavonoid biosynthesis. PeerJ, 9: e10885.

Wang S G, Zhang S M, Wang S P, et al. 2020a. A comprehensive review on *Pueraria*: insights on its chemistry and medicinal value. Biomedicine & Pharmacotherapy, 131: 110734.

Wang X, Fan R Y, Li J, et al. 2016. Molecular cloning and functional characterization of a novel (iso)flavone 4',7-*O*-diglucoside glucosyltransferase from *Pueraria lobata*. Frontiers in Plant Science, 7: 387.

Wang X, Li C F, Zhou C, et al. 2017. Molecular characterization of the C-glucosylation for puerarin biosynthesis in *Pueraria lobata*. The Plant Journal, 90(3): 535-546.

Wang X, Li C F, Zhou Z L, et al. 2019. Identification of three (iso)flavonoid glucosyltransferases from *Pueraria lobata*. Frontiers in Plant Science, 10: 28.

Wang X, Li S T, Li J, et al. 2015. De novo transcriptome sequencing in *Pueraria lobata* to identify putative genes involved in isoflavones biosynthesis. Plant Cell Reports, 34(5): 733-743.

Wang Y, Wang W L, Xie W L, et al. 2013. Puerarin stimulates proliferation and differentiation and protects against cell death in human osteoblastic MG-63 cells via ER-dependent *MEK/ERK* and *PI3K/Akt* activation. Phytomedicine, 20(10): 787-796.

Wang Y Q, Yang Y Z, Jiao J J, et al. 2018. Support vector regression approach to predict the design space for the extraction process of *Pueraria lobata*. Molecules (Basel), 23(10): 2405.

Wang Y Y, Pan B, Zhang M J, et al. 2020b. Electrochemical profile recording for *Pueraria* variety identification. Analytical Sciences, 36(10): 1237-1241.

Wang Z J, Du H, Peng W Q, et al. 2022. Efficacy and mechanism of *Pueraria lobata* and *Pueraria thomsonii* polysaccharides in the treatment of type 2 diabetes. Nutrients, 14(19): 3926.

Weismann A. 1893. The germ-plasm: a theory of heredity. Oxford: Clarendon Press.

Wight R, Walker-Arnott G A W. 1834. Prodromus Florae Peninsulae Indiae Orientalis: containing abridged descriptions of the plants found in the peninsula of British India, arranged according to the natural system. London: Parbury, Allen & Company.

Wiriyaampaiwong P, Thanonkeo S, Thanonkeo P. 2012. Molecular characterization of isoflavone synthase gene from *Pueraria candollei* var. *mirifica*. African Journal of Agricultural Research, 7(32): 4489-4498.

Wiriyakarun S, Yodpetch W, Komatsu K, et al. 2013. Discrimination of the Thai rejuvenating herbs

Pueraria candollei (White Kwao Khruea), *Butea superba* (Red Kwao Khruea), and *Mucuna collettii* (Black Kwao Khruea) using PCR-RFLP. Journal of Natural Medicines, 67(3): 562-570.

Wu Z D, Zeng W D, Li C F, et al. 2023. Genome-wide identification and expression pattern analysis of R2R3-MYB transcription factor gene family involved in puerarin biosynthesis and response to hormone in *Pueraria lobata* var. *thomsonii*. BMC Plant Biology, 23: 107.

Xi H T, Zhu Y R, Sun W W, et al. 2023. Comparative Transcriptome analysis of *Pueraria lobata* provides candidate genes involved in puerarin biosynthesis and its regulation. Biomolecules, 13(1): 170.

Xiong Y, Yang Y Q, Yang J, et al. 2010. Tectoridin, an isoflavone glycoside from the flower of *Pueraria lobata*, prevents acute ethanol-induced liver steatosis in mice. Toxicology, 276(1): 64-72.

Xu X, Liu X, Ge S, et al. 2011. Resequencing 50 accessions of cultivated and wild rice yields markers for identifying agronomically important genes. Nature Biotechnology, 30(1): 105-111.

Zhang G X, Liu J X, Gao M, et al. 2020b. Tracing the edible and medicinal plant *Pueraria montana* and its products in the marketplace yields subspecies level distinction using DNA barcoding and DNA metabarcoding. Frontiers in Pharmacology, 11: 336.

Zhang M J, Pan B, Wang Y Y, et al. 2020a. Recording the electrochemical profile of *Pueraria* leaves for polyphyly analysis. Chemistry Select, 5(17): 5035-5040.

Zhao C X, Chan H Y, Yuan D L, et al. 2011. Rapid simultaneous determination of major isoflavones of *Pueraria lobata* and discriminative analysis of its geographical origins by principal component analysis. Phytochemical Analysis, 22(6): 503-508.

Zhou Y, Shang X H, Xiao L, et al. 2023. Comparative plastomes of *Pueraria montana* var. *lobata* (Leguminosae: Phaseoleae) and closely related taxa: insights into phylogenomic implications and evolutionary divergence. BMC Genomics, 24(1): 299.